DEUTSCHE AKADEMIE
DER WISSENSCHAFTEN ZU BERLIN
Vorträge und Schriften
Heft 41

Walther Gothan

DIE ENTSTEHUNG DER KOHLE

Berlin 1951

AKADEMIE-VERLAG

DEUTSCHE AKADEMIE DER WISSENSCHAFTEN ZU BERLIN

VORTRÄGE UND SCHRIFTEN

HEFT 41

DIE ENTSTEHUNG DER KOHLE

von

Walther Gothan

1951

AKADEMIE-VERLAG BERLIN

Erschienen im Akademie-Verlag GmbH., Berlin NW 7, Schiffbauerdamm 19
Lizenz Nr. 202 · 100/64/51
Gedruckt in der Buchdruckerei Oswald Schmidt GmbH., Leipzig III/18/65
Bestell- und Verlagsnummer 2003/41
Preis DM 3,–
Printed in Germany

DIE ENTSTEHUNG DER KOHLE

A. Historisches – Einleitung

Kohlen sind seit sehr langer Zeit bekannt. Die Brennbarkeit dieses Gesteins wurde jedenfalls sehr früh erkannt, und in dieser Beziehung nimmt ja die Kohle eine Ausnahmestellung unter den Gesteinen, genauer unter den Sedimentärgesteinen überhaupt ein, denjenigen Gesteinen, die vom Wasser oder bei Gegenwart von Wasser abgelagert worden sind. Schon Theophrast (etwa 315 v. Chr.), der Schüler des Aristoteles, erwähnt die Kohle. Auch in China ist die Kohle seit Urzeiten als brennbarer Stein bekannt gewesen, wie zuerst der Chinareisende Marco Polo (1280 n. Chr.) berichtet zu haben scheint. Ihre auffällige schwarze Farbe, ihre Brennbarkeit haben bei den Naturforschern schon sehr früh Aufmerksamkeit erregt, und obwohl sie schon im alten Griechenland in der Landschaft Elis von Schmieden und Erzgießern benutzt wurde, machen sich doch erst etwa 1500 Jahre nach Theophrast mehr und mehr Versuche zu ihrer praktischen Ausnutzung bemerkbar. Der frühere allgemeine Brennstoff war das Holz, und als sich besonders in Gegenden mit Metallindustrie mehr und mehr der Mangel an diesem Stoff bemerkbar machte, kam die Benutzung der Kohle in Aufnahme. Der älteste Steinkohlenbergbau ist vielleicht in der Zwickauer Gegend umgegangen (angeblich schon im 10. Jahrhundert). Bald nach dieser Zeit machen sich auch in anderen Gegenden Europas die Anläufe zur Ausnutzung der Kohlen, und zwar zunächst der Steinkohlen bemerkbar. In der Aachener Gegend betrieben die Mönche des in Holländisch-Limburg liegenden Augustinerklosters Klosterrode um 1100 herum Steinkohlenbergbau in den Flözen, die in dem tiefen Tal des Grenzflusses Wurm zutage traten. Dieser Bergbau soll aber schon vor dem Jahre 1000 angefangen haben und hat bis Ende des 18. Jahrhunderts angedauert, ja besteht eigentlich heute noch fort. Um diese Zeit herum kam Bergbau auch bei Lüttich in Belgien, bei Sheffield in England in Gang. Eine Art Bergbau an der Ruhr scheint um 1400 schon etwas im Gange gewesen zu sein, ebenso der in der Gegend von Walbrzych (Waldenburg). Immer ging er von Stellen aus, wo die Kohlenflöze am Tage bemerkbar waren, namentlich in tiefeingeschnittenen Tälern, wie an der Wurm und Ruhr. Um die Mitte des 18. Jahrhunderts gab es dann einen stärkeren Aufschwung, aber damals war z. B. in dem so kohlenreichen, aber auch holzreichen Oberschlesien noch kaum etwas von Kohlenbergbau zu spüren. In vielen Kreisen begegnete man der Kohle noch mit Feindschaft und machte ihrer Benutzung Schwierigkeiten, weil die Rauchentwicklung und sonstige Abgase die Bewohner belästigten; man hielt diese Rauchgase für besonders gesundheitsschädlich. Weitschauende Geister wie auch Friedrich II. und seine Berater brachten aber der Sache das richtige Interesse entgegen, so daß schließlich auch in Oberschlesien es mit dem Bergbau aufwärts ging.

Die Entdeckung der Steinkohlen im Donezbecken (Ukrainische SSR) geht etwa auf das Jahr 1722 zurück, wo aber erst gegen Ende des 18. Jahrhunderts in Zusammenhang mit der Gründung der Luganskihütte ein lebhafterer Bergbau einsetzte, dessen Produktion meist die genannte Hütte verschlang. Der verstärkte Eisenbahnbau brachte dann 1868–1878 einen großen Umschwung.

Es ist klar, daß bei der Eigenart des Materials die Kohle früh bei den Naturforschern die Frage anregte, wie sich dieses gebildet habe, wie also die Kohle entstanden sei. Sie hatten die Besonderheit und Fremdartigkeit der Kohlen gegenüber anderen Gesteinen richtig erkannt, kamen aber dabei auf merkwürdige Ideen. Agricola, einer der Väter der Mineralogie und Zeitgenosse Luthers, hielt sie für verdichtetes Erdöl, ein späterer, namens Patrin, nahm an, daß die wechselnde Lagerung von Kohlen, Schiefern usw. aus abwechselnden Eruptionen aus untermeerischen Vulkanen hervorgegangen sei. Man findet übrigens selbst in neuerer Zeit noch manche durchaus abenteuerliche Vorstellung[1]). Es setzte sich aber doch bald von vornherein die Erkenntnis durch, daß die Kohle aus pflanzlicher Substanz entstanden sein müsse. Schon bald nach Agricola nahm Valerius Cordus pflanzlichen Ursprung an; Balthasar Klein erklärte sie als aus Holz entstanden. Nachdem diese Erkenntnis im allgemeinen durchgedrungen war, bemühte man sich, Genaueres über die in Frage kommenden Vorgänge herauszubringen, und da stehen sich oder standen sich zwei Richtungen gegenüber, von denen die eine die Kohle als entstanden durch zusammengeschwemmte Pflanzenteile erklärte, während die anderen behaupteten, sie sei nach Art des Torfs an Ort und Stelle entstanden und also nach Art der heutigen Torfmoore gebildet. Man bezeichnete diese beiden Anschauungen als Allochthonie (Bodenfremdheit) und Autochthonie (etwa Bodenständigkeit). Um dieses zu verstehen, muß man sich vergegenwärtigen, wie die Kohlen überhaupt vorkommen. Es sind dickere oder dünnere Lagen von mehr oder weniger reiner Kohle, die oft viele Meilen weit verfolgbar sind, öfter aber auch aussetzen und dann wie große flache Linsen in den Gesteinen liegen. Jedenfalls passen sie sich vollständig dem Verlauf der sonstigen Schichten an, zwischen denen sie eingebettet sind, den Schiefertonen, Sandsteinen, den geröllführenden Gesteinen (Konglomeraten) usw. Abb. 1 zeigt klar, was gemeint ist. Geologisch ausgedrückt, würde man sagen: Die Kohlen sind Lagen brennbaren Gesteins, das sich mit anderen Sedimentgesteinen im normalen, gleichsinnigen Schichtenverband befindet. Da nun die anderen Sedimente, wie Schiefertone, Sandsteine, ursprünglich lose, pulvrige Massen waren und später durch Verfestigung zu Gesteinen wurden, durch die Wirkung fließenden Wassers abgelagert sind, so lag nichts näher, als dies auch für die Kohle selbst anzunehmen. Diese Ansicht finden wir denn auch ziemlich früh schon vertreten, wobei bei

[1]) So vertrat noch 1909 ein Autor (Fraser) die vulkanische Herkunft der Kohlen, und andere (Rigaud 1894 und Lenique 1903) leugneten die organische Herkunft der Kohlen.

Abb. 1. Eisenbahneinschnitt mit etwa 6 übereinanderliegenden, durch Gesteinslagen getrennten Kohlenflözen aus dem Saarrevier

älteren Forschern die Anschauungen sich an die biblische Sintflut anlehnten, wie bei dem bekannten Johann Jakob Scheuchzer (1720); später, im 19. Jahrhundert, bekannten sich eine ganze Anzahl anderer Autoren zu dieser Anschauung, wenn sie auch von der Sintflutsage Abstand nahmen. Die Namen Graf Sternberg, besonders aber der Name Lyells, die Franzosen Fayol und Grand'Eury (der allerdings zuletzt noch umlernte), vertraten diese Anschauung von der Allochthonie der Kohlen in verschiedenen Modifikationen, und diese Anschauung ist auch heute noch nicht aus der Diskussion ganz verschwunden. Dagegen äußerten sich andere Beobachter schon sehr früh gegenteilig. Der Abt von Beroldingen in Hildesheim z. B. hatte auf seinen Fahrten durch die moorreiche Provinz Hannover gesehen, daß heutzutage mächtige, ausgedehnte Lager von Humusstoffen, also ursprünglichen Pflanzenstoffen, eigentlich nur auf dem Wege der Torfbildung in Mooren zustande kommen und daß die Aufhäufung von Mengen reiner Pflanzensubstanz durch Zusammenschwemmung zu den Ausnahmen gehöre (1778). Er übertrug das sinngemäß auf die Kohlenflöze, die ja auch weitausgedehnte Lager von mehr oder weniger reiner Pflanzensubstanz darstellen. Zu derselben Meinung kam auch der Vater der Paläobotanik, der Wissenschaft von den ehemaligen Pflanzen der Erde, die ja die Kohlensubstanz geliefert haben müssen, Ad. Brongniart, weiterhin englische, deutsche und amerikanische Autoren. Man findet aber gegen Ende des 19. Jahrhunderts noch recht eigentümliche Anschauungen, so die des Chemikers Mohr, der das Kohlenmaterial mit den Tangmassen der Sargasso-See am Karibischen Meer verglich, des Geologen Ochsenius, der auf Grund seiner Studien über die Entstehung der Salzlager seine „Barrentheorie" auch auf die Kohlenlager übertrug, und noch heute gibt es, z. T. wieder neu auftauchend, in irgendeiner Form Anhänger der Anschauung, daß die Kohlen nicht aus Humusmassen an Ort und Stelle, also aus einer Art von Torflagern entstanden sei, sondern irgendwie aus zusammengeschwemmten, allochthonem Material. Um diese Frage zu entscheiden, mußte man die Substanz der Kohlen selber nach ihrer Struktur, ihrer feineren Beschaffenheit kennen zu lernen suchen, andererseits auf Erscheinungen achten, die in den Nebengesteinen, d. h. in den Sandsteinen und in den Schiefern sich zeigen, zwischen denen die Kohlenflöze eingelagert sind. Das hat man auch getan, und die Methoden dazu sind in immer feinerer Form entwickelt worden, besonders was die Enthüllung der ursprünglichen Struktur der Kohlensubstanz selbst anlangt, die ja äußerlich fast nie etwas von ihrem ehemaligen Inhalt und den in ihr enthaltenen Pflanzenteilen sehen läßt.

B. Struktur der Kohle – Kohlungsprozeß

Was zunächst die Struktur der Kohle anbetrifft, so kann man den Beweis führen, daß diese ursprünglich eine Art von Torf war; hierbei halten wir uns zunächst an die eigentliche Steinkohle, die die meisten Schwierigkeiten bietet. Sieht man sich ein Stück härtere, festere Steinkohle genauer an, so erkennt man schon mit bloßem Auge, daß sie keineswegs so gleichförmig, homogen ist, wie sie bei oberflächlicher Betrachtung scheinen mag. Sie ist nämlich in den meisten Fällen gestreift (Streifenkohle, Abb. 2). Man erkennt an dem Querbruch (also senkrecht zur Schichtungsfläche) übereinander glänzende Streifen, matte Streifen und außerdem eine eigentümlich seidig schimmernde, rußartig abfärbende lockere Substanz, die besonders auf den horizontalen Schichtflächen auffällt. Die Kohle stellt sich also dar als abwechselnd aus glänzenden Streifen (Glanzkohle,

Abb. 2. Streifige Steinkohle („Streifenkohle“)

bei den Wissenschaftlern Vitrit gekannt, weil sie glänzt wie Glas), Mattstreifen (Durit genannt, wegen der größeren Härte und Festigkeit) und rußigem Material, das sich unter dem Mikroskop als meist aus Holzzellen nach Art derjenigen der Nadelbäume bestehend herausstellt, was schon den älteren Autoren aus dem Anfang des vorigen Jahrhunderts bekannt war. Es ist in der Tat nichts weiter als fossile Holzkohle, wissenschaftlich Fusit genannt (nach dem Namen fusain der Franzosen dafür, was soviel wie „Brand" heißt). Dieser ist oft nur in kleiner Menge, öfter aber ziemlich viel vorhanden und durch den Gebirgsdruck oft zerrieben, daher im Mikroskop nur in Form dunkler, nur z. T. noch durchsichtiger Splitter bemerkbar (Abb. 3). Um die Natur der beiden anderen Kohlenstreifenarten kennenzulernen, kann man mehrere Wege einschlagen. In der Mineralogie und Geologie sind bekannt die Dünnschliffe, d. h. dünne durchsichtige Plättchen, die man von Gesteinen usw. herstellt, um sie bei durchfallendem Licht unter dem Mikroskop betrachten zu können. Man schleift an den betreffenden Gesteinsstücken zunächst eine glatte Fläche an, dann schneidet man parallel zu dieser mit einer Gesteinschneidemaschine eine dünne Platte ab und schleift von dieser das Gestein dann soweit herunter, bis der Schliff durchsichtig wird. Das geschieht auf dicken Glas- oder Stahlplatten mit Wasser und feinem Schmirgel und noch feineren Schleifmitteln. Das Gestein muß man dazu vorher auf ein Objektglas aufkitten, wie es sonst für mikroskopische Präparate verwandt wird, wozu man meist Kanadabalsam verwendet. Dann wird durch Hinundherschleifen auf der Glasplatte mit Schmirgel und Wasser das Gestein allmählich dünngeschliffen. Nun ist die Kohle ja einerseits sehr dunkel und muß deswegen extra dünn geschliffen werden, aber auch recht bröck-

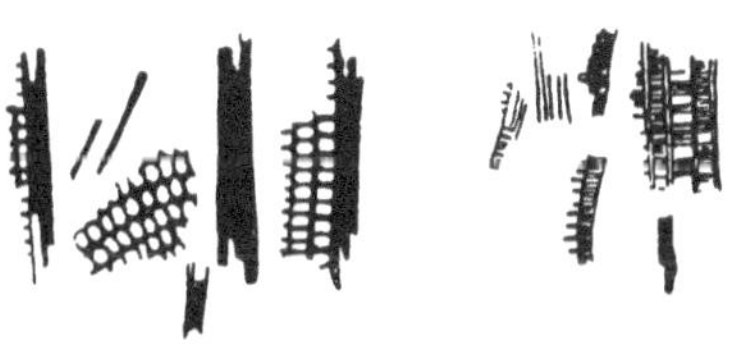

Abb. 3. Bröckchen von fossiler Holzkohle (Fusit) aus einer Steinkohle mit Zellstrukturen. Etwa 100mal vergr.

lig, so daß die Sache ihre Schwierigkeiten hat, zumal die verschiedenen Lagen verschieden durchsichtig sind. Man kann die Kohle auch vorher mit festigenden Materialien von harzartiger Konsistenz tränken und dadurch festigen. Man sieht aber nun an dem Präparat, was an den einzelnen Lagen zu sehen ist. Die Glanzlagen sind meist völlig strukturlos (Abb. 4), lassen aber auch manchmal noch Reste von Zellstruktur sehen, an denen zu erkennen ist, daß es sich um Reste von holzigem oder rindenartigem Gewebe handelt. Die matten Streifen werden schwer durchsichtig, d. h. die Grundmasse bleibt undurchsichtig, strukturlos, aber in ihr treten in horizontaler Lagerung helle kurze, größere oder kleinere Streifchen auf, die sich bei näherer Betrachtung als die Häute von Sporen, Pollen, Blättern usw. der damaligen Pflanzen erweisen. Sie sind flach zusammengesunken und zeigen ihre mehr oder weniger rundliche Form erst bei der Betrachtung in Horizontalschliffen. Das eigentümliche Verhalten dieser Sporen- und Pollenhäute rührt daher, daß sie aus einer besonders widerstandsfähigen Substanz von Korkstoffen bestehen, die als Haut von mehr oder weniger geringer Dicke die Blätter, Stengel, Sporen und Pollen umhüllt. Wir werden noch sehen, daß sich die chemische Verschiedenheit und Resistenz der einzelnen verschiedenen Pflanzensubstanzen beim Kohlungsprozeß noch lange bemerkbar macht. Die Unterschiede verschwinden erst bei späteren, „reiferen“ Stadien der Kohlung mehr und mehr; die Häute zerfallen beim Übertritt in das Kokskohlenstadium (Fettkohlen) und erst recht bei den Magerkohlen immer mehr. Bei den jüngeren Kohlungsstadien, die als Gasflammkohle und Flammkohle bezeichnet werden, sind diese Verschiedenheiten noch sehr fühlbar, und das prägt sich auch in dem optischen Bild der Dünnschliffe aus, in denen sie als helle Körper in der schwarzen undurchsichtigen Grundsubstanz der Kohle sehr auffallen. In den glanzkohligen Lagen treten Sporen- und Pollenhäute entweder gar nicht oder nur sehr wenig auf, in desto größerem Maße aber in den matten Duritlagen. Das Massenvorkommen dieser Häute in unserer gewöhnlichen alten Stein-

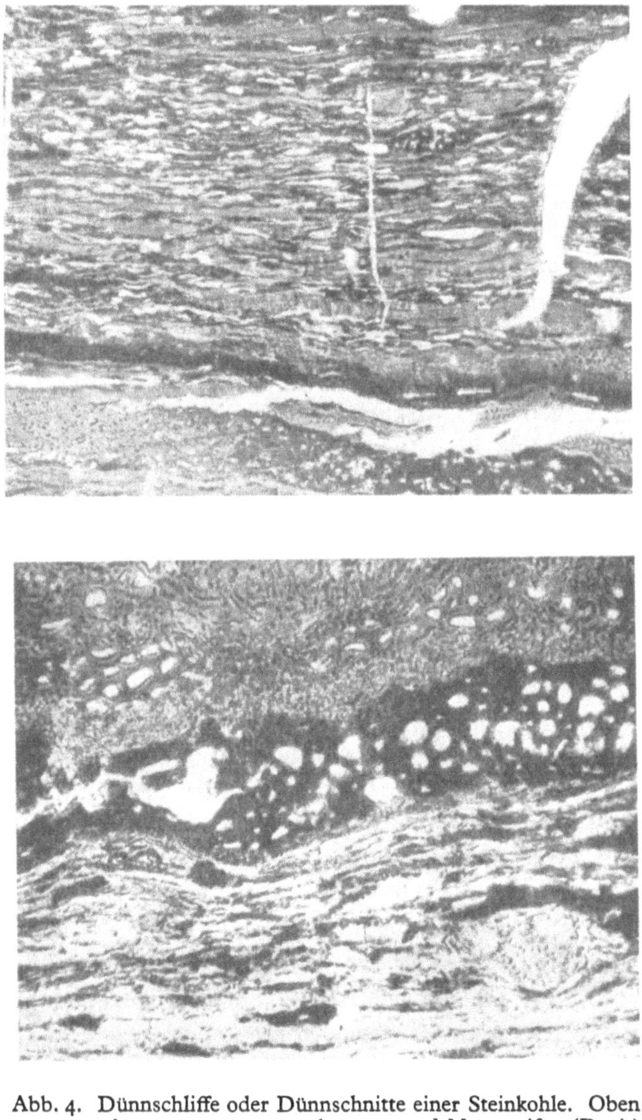

Abb. 4. Dünnschliffe oder Dünnschnitte einer Steinkohle. Oben etwa 20mal, unten etwa 100mal vergr. — *d* Mattstreifen (Durit) mit vielen Sporen- und Pollenhäuten; *v* Glanzstreifen (Vitrit), strukturlos; *f* fossile Holzkohle (Fusit) mit Zellstrukturresten

kohle erklärt sich dadurch, daß die Gewächse der Steinkohlenzeit ausschließlich aus sporenerzeugenden und windblütigen Pflanzen bestanden, die eine Massenproduktion dieser Organe wie die entsprechenden heutigen liefern mußten. Bei den späteren Pflanzen der geologischen Neuzeit treten die Sporen- und Pollenhäute immer mehr im Kohlenbild zurück, weil sehr viele insektenblütige Pflanzen erscheinen, die lange nicht soviel Pollen zu erzeugen brauchen, da dieser von den Insekten von Pflanze zu Pflanze transportiert wird, also nur geringe Verluste an Pollen eintreten, während die sporen- und windblütigen Pflanzen eine gewaltige Überproduktion an diesen Organen benötigen; denn nur wenige der durch Wind und Wasser transportierten Pollen usw. erreichen ihren wirklichen Zweck. Die Kohle bietet demgemäß allgemein im Dünnschliff das Bild eines geschichteten Torfs mit verschiedenen Lagen, die sich aus den oben genannten Gründen bei der Kohle des Paläozoikums, der Altzeit der Erde, besonders scharf ausprägen. Auch heutige Torfe sind oft geschichtet, aber in geringerem Maße als die betrachteten Steinkohlen.

Man hat übrigens durch besondere Methoden, auf die wir hier nicht eingehen können, die Technik der Herstellung derartig dünner Schliffe oder Schnitte von Kohlen noch weiter ausgebildet und verfeinert. Die Praxis der Kohlenpetrographie, der Lehre von den Kohlen als Gestein, benutzt meist keine Dünnschliffe, sondern begnügt sich mit einfacher herzustellenden Anschliffen, wobei die Kohlenfläche eben geschliffen und anpoliert wird. Die Betrachtung muß dann in auffallendem Licht erfolgen, wobei die Kohlenfläche von oben beleuchtet wird. Sie bietet dann ein eigenartig schillerndes anderes Bild als im Dünnschliff, aber man kann bei der nötigen Übung und bei Verwendung der neueren Verbesserungen an den Mikroskopen auch so viele Einzelheiten studieren und die Besonderheit der Qualität der einzelnen Kohlenarten und Lagen für die Praxis nutzbar machen.

Es gibt aber noch einen anderen Weg, in die innere Struktur der Kohle hineinzuschauen, der auf einer besonderen chemischen

Behandlung der Kohle beruht und meist als Mazerationsmethode bezeichnet wird (Mazeration etwa = Zerkleinerung). Um dies zu verstehen, müssen wir zunächst noch auf den schon mehrfach berührten „Kohlungsprozeß“ eingehen. Die Fachleute sind sich heute darüber einig, daß für die Umwandlung der Pflanzensubstanz in Kohle, für den Kohlungsprozeß, die Entwicklungsreihe Torf – Braunkohle – Steinkohle – Anthrazit zu Recht besteht. Der Kohlungsprozeß wird eingeleitet durch den Vertorfungsprozeß: Aus der jungen, sich zersetzenden und mehr und mehr aufhäufenden Pflanzensubstanz geht bei Gegenwart von Wasser, zunächst unter Zutritt von Luftsauerstoff und später bei Abschluß davon, das Material hervor, das wir als Torf bezeichnen. Es ist eine schwärzlich-braune, stechbare Masse, in der neben gleichförmiger, strukturlos gewordener Humussubstanz noch zahlreiche Teile der ursprünglichen Torfpflanzen oder Gewebeteile davon kenntlich sind. Die Humusstoffe kann man durch Anwendung von verdünnten alkalischen Lösungen, wie Ammoniak, Kali- oder Natronlauge, in Form einer braunen Lösung herausziehen, wobei sich die in ihrem chemischen Aufbau noch wenig geklärte Humussubstanz wie eine schwache Säure verhält, die mit den Alkalien humussaure Salze (Humate) bildet; sie kann durch stärkere Säuren als braunflockige Substanz wieder ausgefällt werden. Nach Überdeckung mit anderen Sedimenten (Ton, Sand usw.) sinkt sie weiter zusammen und geht allmählich in die Kohlenart über, die wir als Braunkohle bezeichnen. Diese ist nicht mehr stechbar und enthält viel weniger kenntliche Reste der sie bildenden Pflanzen als der Torf, sie gibt aber noch einen stark braunen Auszug mit Alkalien (s. Tabelle). Damit ist der Kohlungsprozeß als Fortsetzung des Vertorfungs-

Reaktion für	Steinkohle	Braunkohle
Heiße Kalilauge färbt sich	nicht	braun bis dunkelbraun
Strich	schwarz	braun
Wassergehalt	minimal $\frac{1}{3}$–4%	10% und mehr

prozesses wirksam geworden. Bei weiterem Fortgang dieses Prozesses wird die Grundmasse der Braunkohle allmählich glänzend und nimmt das Aussehen von schwarzer Steinkohle an; diese Glanzkohle ergibt aber auch noch einen braunen Auszug mit Alkalien und auf der bei den Mineralogen gebräuchlichen Strichtafel einen braunen Strich. Durch Einwirkung neuer Kräfte, insbesondere durch Faltung und Zusammenpressung durch „tektonische Kräfte", wie der Geologe sagt, kann die „Reifung" der Kohle weiter fortgesetzt und auch beschleunigt werden und zum Steinkohlenstadium übergehen, nach dessen Eintritt man keinen braunen Auszug mit Alkalien mehr erhält und einen schwarzen, nicht braunen Strich. Der Übergang der Glanzbraunkohlen in das Steinkohlenstadium ist ein besonders wichtiger Abschnitt im Kohlungsprozeß (der „Reifung" der Kohle); zu seiner Vollziehung wird von verschiedenen Untersuchern noch das Mitwirken von höherer Erwärmung der Schichten in Anspruch genommen, die durch die Versenkung der kohlenführenden Schichten in größere Erdtiefen geliefert worden sein soll. Daß durch Erwärmung der Kohlungsprozeß stark gefördert wird, ist erwiesen, da bei Berührung der Kohlen mit glutflüssigen Gesteinen aus dem Erdinnern eine Umbildung der gewöhnlichen, braunen, erdigen Braunkohle, wie sie bei uns so häufig ist, in steinkohlige, sogar anthrazitische Beschaffenheit allbekannt ist. Trotzdem sind sich die Autoren über die Notwendigkeit der Einwirkung von mehreren 100° Wärme zur Erreichung des Steinkohlenstadiums noch nicht einig. Die Zeit allein genügt aber jedenfalls nicht, um diese Umbildung herbeizuführen, da es noch Braunkohlen in Schichten gibt, die älter sind als z. B. die Schichten des Ruhr- und schlesischen Karbons (Steinkohlenzeit) usw; hierfür sind besonders die unterkarbonischen Braunkohlen des Moskauer Beckens bekannt. Nach der Erreichung des Steinkohlenstadiums findet noch eine weitere Reifung der Kohle statt, wobei in den Steinkohlenschichten die am tiefsten liegenden Flöze am reifsten sind. Im Ruhrgebiet ist die Folge dieser verschieden stark durchgekohlten Steinkohlen besonders durchsichtig; man unterscheidet dort übereinander von oben nach unten Flammkohlen, Gasflammkohlen, Gaskohlen, Fettkohlen (Eßkohlen) und Magerkohlen, auf die dann noch das anthrazitische Stadium folgt, das dort in den eigentlichen Kohlenlagern nicht ganz ausgebildet ist, aber auch in Deutschland an mehreren Stellen vorkam. Anderwärts sind Anthrazite in großer Menge bekannt, z. B. in Pennsylvanien, in England (Süd-Wales), in Rußland im Donezbecken usw. In der Tabelle sind die einzelnen Kohlungsstadien vom Vertorfungsstadium an zusammengestellt. Man sieht, daß dabei mit der Reifung der Kohle der Kohlenstoffgehalt dauernd steigt, der Gasgehalt (d. h. die bei der Erhitzung der Kohle im bedeckten Tiegel entweichenden flüchtigen Gase) abnehmen, der Sauerstoffgehalt ebenfalls abnimmt und in geringerem Grade auch der Wasserstoffgehalt. Ferner wird die Kohle dauernd wasserärmer, so daß die Steinkohlen meist nur wenig (1%) Wasser enthalten, während unsere gewöhnlichen Braunkohlen z.T. über 50% davon führen. Schließlich ist wichtig und sehr verschieden das Verhalten des Rückstandes der Kohle beim Destillieren (Erhitzen im Tiegel bei Luftabschluß wie oben), des Koksrückstandes. Nur bei gewissen Arten der Stein-

		C	H	O	Heizwert (Kalorien)	Koks-rest %	Koks-art	Gas-gehalt %
	Torf	55 bis 60	5—6	38	5500	33	Pulver	etwa 60
	Braunkohle	65 bis 76	5	17 bis 25	6000 bis 7000	etwa 50	Pulver; gesintert	50
Steinkohle	(Gas-)Flammkohle	78 bis 80	5	15	7600	etwa 60	gesintert	33—40
	Gaskohle	83	5	12	7900	63—65	gebacken	29—33
	Fettkohle	87	5	8	8400	70—75	gebacken	18—29
	Magerkohle	91	4,5	4,5	8750	80—85	gesintert	12—18
	Anthrazit	98	1	1	8200	98	Pulver	4—8
	(Graphit)	100	—	—	(8100)	—	Pulver	—

kohle, der Gas- und Fettkohle, gibt es einen geblähten („gebakkenen"), festen, praktisch brauchbaren Koks. Sonst ist der Rückstand Pulver oder die Kohle nur wenig zusammengesunken ohne Aufblähung („gesintert"). Mit dem Erreichen des Stadiums der Kokskohlen werden auch die vorhin mitgeteilten und die noch zu besprechende Mazerationsmethode mehr oder weniger unbrauchbar, da alle Bestandteile der Kohle zu stark „kohlig" werden und die Sporen- und Pollenhäute zerfallen und immer und durchsichtiger und undeutlicher werden. Man kann allerdings durch besondere Kniffe auch an solchen reiferen Kohlen, selbst bei Magerkohlen, in Anschliffen die Urstruktur der Kohle noch z. T. kenntlich machen, aber allmählich wird alles in der Kohle glänzend und undurchsichtig schwarz, „karbonisiert", wie man es nennen kann. Weiter sieht man auch aus der Tabelle, daß der Destillationsrückstand der Kohlen, der Koksrückstand, immer größer wird, was man dem Zunehmen des prozentualen Kohlenstoffsgehalts zuschreiben muß, bei gleichzeitiger Abnahme von Sauerstoff und Wasserstoff. Das ist zwar nur ein kurzes Bild des Verlaufs des Kohlungsprozesses, das aber für unsere Zwecke genügt (vgl. Tab. S. 15).

Kehren wir nunmehr zu der vorhin erwähnten weiteren Methode, die Struktur der Kohle herauszubringen, der Mazerationsmethode, zurück; sie besteht im folgenden: Wir hatten gesehen, daß man aus Torf und auch aus der Braunkohle nach der Einwirkung der erwähnten alkalischen Lösungen eine Menge Restbestandteile erhält, die aus den widerstandsfähigen Pflanzensubstanzen bestehen. Beim Torf ist eine besonders große Menge selbst noch empfindlicherer Pflanzenteile zu vermerken, bei der Braunkohle ist sie geringer und besteht aus Pollen- und Sporenhäuten u. dgl., Blätter- und Stengelhäuten, die in der Kohle stecken. Holz ist in der gewöhnlichen mitteldeutschen Braunkohle, soweit es sich um Nadelholz handelt, reichlich enthalten. Es fällt schon dem bloßen Auge auf in Form dicker und dünner Stämme, es sind aber auch kleinere Holzstücke häufig. Außerdem fallen oft dickere Blätter, Samen und harte Früchte auf; alles dies kann man also leicht aus der Braunkohlenmasse herauslösen. Die mit der Mazerationsmethode gewonnenen Bestandteile sind also hier fast nur solche, die als Kleinkörper einer mikroskopischen Betrachtung unterzogen werden sollen. Bei der Steinkohle kommt man mit diesem Verfahren nicht ohne weiteres vorwärts, da sie sich gegenüber den Alkalien passiv verhält. Um aus ihnen die gewünschten Mikro-Bestandteile herauszuziehen, muß man sie gewissermaßen in ein früheres Kohlungsstadium zurückversetzen, also z. B. in das Braunkohlenstadium, das sie ja lange hinter sich haben. Man verwendet dazu stark oxydierende, Sauerstoff liefernde, gleichzeitig bleichende und erweichende Substanzen, von denen besonders das Schulzesche Reagens, konzentrierte Salpetersäure mit chlorsaurem Kali, sich eignet, unter Umständen aber auch andere Reagenzien, wie Chromsäure, Salpetersäure allein, u. a. Man benutzt nur kleine Stückchen der Kohle; man schüttet in die Salpetersäure etwas von dem chlorsauren Kalipulver hinein, etwa 3 oder 4 : 1, in kleineren oder größeren Porzellan- oder Glasnäpfchen, läßt eine Zeitlang – unter Umständen nur Stunden, manchmal auch tagelang – einwirken, wäscht die Kohlenstücke aus und laugt die Kohle wie oben mit Alkalien aus. Wie lange die Einwirkung dauern muß, ist Sache der Erfahrung und hängt von dem Grad der Kohlungsstufe ab. Man kann nunmehr wie bei der Braunkohle nach Beseitigen der entstehenden braunen Humuslösung die gewünschten Mikrobestandteile herausziehen. Zur Konzentration der kleinen Körperchen bedient man sich oft einer kleinen Zentrifuge. Es bleibt auch hier ein Rest chemisch widerstandsfähiger Bestandteile zurück, die man nach Art der gewöhnlichen Mikroskoppräparate auf Objektgläsern in Glyzeringelatine einbettet und mit Deckglas versieht. Man kann oder muß sogar manchmal auch Braunkohlen einer solchen Vorbehandlung mit Salpetersäure (oder Schulzeschem Reagens) unterwerfen, um zum Ziel zu gelangen, wobei die Säuren meist entsprechend zu verdünnen sind. Diesen Prozeß der aufeinanderfolgenden Behandlung mit Schulzeschem Reagens und Alkalien nennt man

Mazerationsprozeß. Er gelingt bei Steinkohlen nur, wenn man weniger reife Kohlenarten benutzt, wie wir sie als Gasflamm- und Flammkohlen bezeichnet hatten; bei Fettkohlen glückt er meist schon nicht mehr und bei Magerkohlen erst recht nicht. Man kann im übrigen die Säurebehandlung abbrechen und dann Alkalibehandlung vornehmen; ist die Mazeration nicht genügend, kann man diese nach Auswaschung mit Wasser wiederholen. Alles ist im übrigen Sache der Praxis und Erfahrung. Die Abb. 5 u. 5a zeigen einige Präparate der auf diese Weise gewonnenen Kleinkörper der ehemaligen Pflanzen aus der Kohle. Größere und dickere Sporen kann man sogar trocken aufbewahren; die kleineren, die Blatthäute, muß man in gewöhnlicher Weise in Glaspräparaten nach Art der sonstigen Mikroskoppräparate feucht, am besten in Glyzeringelatine, aufbewahren. Sehr verschieden sind die Gestalten dieser Kleinkörperchen; einige Sporen zeigen sich noch von einem häutigen Kranz umgeben, der offenbar als Flugapparat dient. Bei der Untersuchung der Torfe haben solche Pollen und Sporen schon lange eine Rolle gespielt, und man hat nach ihnen bestimmen können, was für

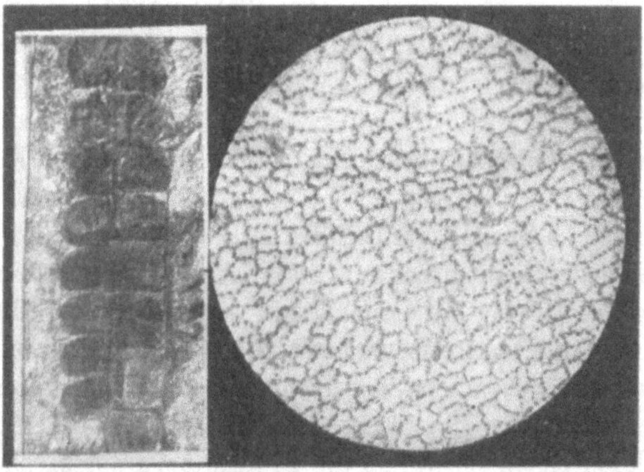

Abb. 5. Kohlig erhaltenes Blatt („Pflanzenabdruck“). Rechts Oberhaut davon, mazeriert. Etwa 100mal vergr.

Abb. 5a. Großsporen, aus der Steinkohle herausmazeriert.
Etwa 50mal vergr.

Pflanzen, insbesondere Bäume, in den einzelnen Schichten der Torflager vorhanden waren. Man hat danach die Waldgeschichte der einzelnen Gegenden nach der letzten Eiszeit kennengelernt. Auch bei der Braunkohle hat man schon eine Anzahl der Pollenformen deuten gelernt, d. h. angeben können, von was für Pflanzen sie abstammen. Die Sache ist aber hier schon schwieriger, da viele davon nicht mehr bei uns vorkommen und ihre Arten auch viel zahlreicher sind. Man hat aber die Frage des gegenseitigen geologischen Alters der Braunkohlen auch von dieser Steite her beleuchten können und so die Angabe auf Grund anderer Fossilien erweitern und bestätigen können. Bei der alten karbonischen Steinkohle handelt es sich ja durchweg um längst ausgestorbene Pflanzen, und die entsprechende Aufgabe war es da, auch hier herauszubringen, zu welchen Steinkohlenpflanzen die einzelnen Kleinteile gehört haben. Das ist nur insofern ausführbar, als man nur selten eine ganz bestimmte Pflanzengattung oder Art dafür angeben kann; in den meisten Fällen kann man nur die betreffende Pflanzengruppe angeben. Man hat daher die einzelnen sehr mannigfaltigen Sporenformen usw. mit eigenen Namen versehen. Man hat dann bemerkt, daß die oft sehr typischen Formen auch allein zu Angaben über das genauere geologische Alter der Kohlenflöze brauchbar sind. Sie sind also geologisch gesprochen als Leitfossilien vielfach von ähnlichem Wert wie die als „Abdrücke" bekannten größeren Pflanzenreste in den Schiefern der Kohlenformation. Man hat sich mit diesen Methoden in das Gebiet der heute für die Praxis wichtig gewordenen Mikropaläontologie begeben, das bei den Kleintierresten (z. B. Foraminiferen) schon lange in der Praxis gepflegt wird und sich auch für die Kleinteile der Pflanzen als praktisch wertvoll erwiesen hat. Das ist auch deswegen wichtig, weil man dabei aus der Kohle selber, z. B. aus Bohrproben, die Fossilien gewinnen kann, ohne daß man größere Fossilien zur Hand hat, die ja namentlich in Bohrungen oft nur ungenügend zur Verfügung stehen. So ist die Mikropaläobotanik ein praktisch wichtiger Zweig der geologischen Kohlenuntersuchung geworden, und es ist bedauerlich, daß man sie bei den ganz reifen Steinkohlen nicht anwenden kann.

Die Anwendung der Mazerationsmethode kam ursprünglich nicht von der Kohle her, sondern von den kohlig erhaltenen Pflanzenabdrücken, die sich in den Schiefern der Kohlenformation finden. Von Blütenteilen, Blättern, Stengeln kann man auf diese Weise häufig auch Pollen, Sporen, Blatthäute, Stengelhäute usw. durch Mazeration herauspräparieren, und dadurch ist manches an den kohlig erhaltenen Pflanzenteilen überhaupt erst seiner Natur nach aufgeklärt worden. Erst später ist die Mazeration auch auf die Kohle selbst übertragen worden, und wir haben oben eine allerdings nur rohe Darstellung davon gegeben. Auch auf diese Weise erweist sich die Steinkohle als eine Art von ursprünglich torfigem Material, ein Gehäuf von Pflanzenteilen, von denen ein Teil seine Struktur eingebüßt hat, ein anderer Teil in der obengenannten Form noch sichtbar gemacht werden kann, während die empfindlicheren Pflanzengewebe in gleichförmige Humus- oder Kohlensubstanz verwandelt sind und bei der Behandlung mit Alkalien als Humusstoffe in Lösung gehen, ähnlich der humösen Grundsubstanz der Braunkohle und des Torfs. Auf diese Weise hat auch der bekannte bayerische Geologe von Gümbel in einer Schrift von 1883 über die „Textur der Kohle" die torfige Natur der Kohlensubstanz nachzuweisen versucht. Im Grunde aber hatten schon vorher, wie in der Einleitung angedeutet, mit richtigem Blick unter Benutzung von augenfälligen Erscheinungen an der Kohle Forscher der verschiedensten Länder sich in derselben Richtung ausgesprochen.

Wir hatten gesehen, daß bei der Mazeration von der Grundsubstanz der Kohle eine ziemliche Menge in Lösung geht und sich auf diese Weise der mikroskopischen Beobachtung entzieht und daß sich weiter auch bei guten Dünnschliffen infolge der relativen Gleichförmigkeit der Kohle viele Einzelheiten nicht mehr sehen lassen; das ist ein gewisser Mangel bei den obengenannten Methoden. Die Natur hat uns aber selbst geholfen, das Urmaterial der Kohle weiter zu entschleiern, indem sie in gewissen Fällen eine Versteinerung der noch torfigen Ursubstanz eintreten ließ. Dadurch wurde die Umwandlung solcher versteinerter Torfpartien in Kohle verhindert und gleichzeitig die Primärstruktur des Urtorfs vollständig erhalten. Es handelt sich dabei um eine Versteinerungsweise, bei der durch ein sich ausscheidendes und später erhärtendes Mineral sowohl die Hohlräume der Pflanzenzellen mit Mineralsubstanz ausgefüllt wurden als auch die Zellwände selber durch eben diese Mineralsubstanz ersetzt wurden. Dabei ging die organische Substanz der Zellwände zunächst nicht ganz verloren, sondern wurde in natürlicher Lage in dem versteinernden Mineral eingeschlossen. Sie wurde dann später auch zu kohliger Substanz, deren dunkle Farbe die Lage der ehemaligen Zellwände und sonstigen Gewebeteile außerordentlich deutlich hervorhebt. Es wird dabei also die ehemalige Struktur der Pflanzenteile mehr oder weniger vollständig erhalten, und nach Herstellung von Dünnschliffen aus derartig versteinten Pflanzen und Pflanzengehäufen kann man die Feinstruktur, also die Anatomie der ehemaligen Pflanzen, oft noch genau so gut studieren, als wenn diese noch lebten. Diese Erhaltungsweise, die bei fossilen Tierresten für fleischiges Gewebe kaum vorkommt, bei Pflanzen aber wegen ihrer dauerhafteren Zellwände sehr gewöhnlich ist, hat man wohl als „echte Versteinerung" bezeichnet, was aber ein wenig treffender Ausdruck ist, da jede Versteinerung, die von einem ehemaligen Lebewesen herrührt, z. B. eine Muschel, eine Schnecke usw., auch echte Versteinerungen sind, im Gegensatz zu den Scheinversteinerungen, die nur äußerlich an ehemalige Organismen erinnern, in Wirklichkeit aber keine sind („Pseudofossilien"). Man hat daher bei uns den Namen „Intuskrustation" eingeführt, d. h. innere Versteinerung. Wir können hier auf das Gesamtgebiet dieser Erscheinungen nicht näher eingehen, müssen aber einige Hinweise allgemeiner Art einfügen. Bei der Entstehung derartiger versteinerter Pflanzen spielt die Wirkung der in dem Gesteinsurmaterial eingeschlossenen Pflanzen oder Pflanzenteile als „Niederschlagszentra" die Hauptrolle. In dem Urmaterial der Gesteine, wie Sand und Ton, befinden sich öfter Minerallösungen verteilt, z. B. von Kalk, Eisen und Kieselsäure. Wie nun in einer Salzlösung etwa hineingehängte Bindfäden oder sonstige Fremdkörper als Niederschlagsstellen für das gelöste Salz wirken, so tun es auch die als Fremdkörper in dem Urmaterial des Gesteins eingebetteten Pflanzenteile, auch Tierreste usw. Die gelöste Mineralsubstanz wird an ihnen niedergeschlagen und bildet später feste Knollen, die man aus dem späteren fertigen Gestein herausschlagen kann. Beim Aufschlagen

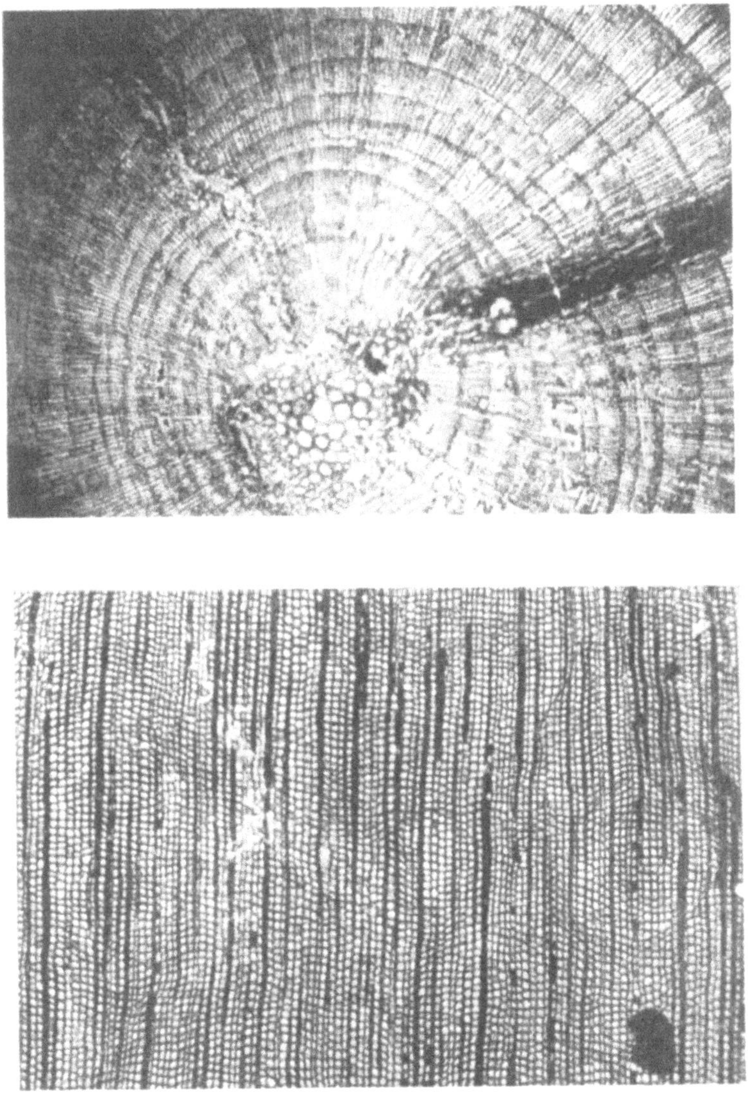

Abb. 6. Querschliffe durch verkieseltes Holz aus der Braunkohlenformation (oben) und Steinkohlenformation (unten). Vergr.

der Knollen findet man dann oft noch den Pflanzen- oder Tierrest, der als Niederschlagszentrum gedient hat und die Ursache dieser Knollenbildung gewesen ist. Bei den Pflanzenresten kommt es nun oft zu dem obenerwähnten Spezialfall, bei dem sich das Mineral auch innerhalb der Pflanzenteile oder Pflanzengehäufe niederschlägt, wodurch diese ihre ehemalige Struktur bewahren. Am bekanntesten sind die versteinerten Hölzer (Abb. 6), die meist verkieselt sind. Zu derartigen Knollenbildungen kommt es nun auch innerhalb der Kohle, wenn solche Versteinerungsvorgänge sich abspielen, während die Kohle sich noch im Zustande des Urtorfs befand. Solche Knollen verraten meist äußerlich nichts von ihrem Inhalt und treten in bestimmten Kohlenflözen bald vereinzelt, bald in größerer Menge auf (Abb. 7). Schneidet

Abb. 7. Einige Dolomitknollen aus dem Flöz Katharina des Ruhrreviers. Etwa $^1/_3$ nat. Gr.

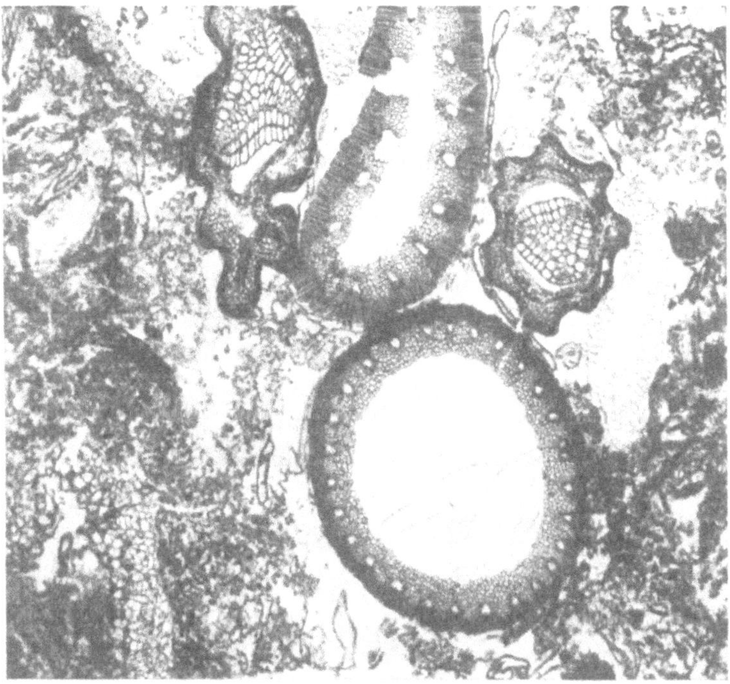

Abb. 8. Schliff durch eine Dolomitknolle, wie in Abb. 7, mit strukturloser Torfsubstanz und einer Anzahl guterhaltener Stengel, quer durchschliffen (Calamiten und Sphenophyllen)

man sie durch, so zeigen sie sich erfüllt von mit Struktur erhaltenen zahlreichen Pflanzenresten der verschiedensten Art, aus denen der ehemalige Torf bestand. Einige sind gut erhalten, bei anderen ist ein Teil der Struktur verlorengegangen, und ein weiterer Teil zeigt sich als ein Gehäuf von mehr oder weniger strukturloser ehemaliger Humussubstanz. Die Knollen sind also weiter nichts als ein versteintes Stück Urtorf der Kohle. Die Abb. 8 gibt eine Vorstellung von dem Aussehen von Dünnschliffen aus solchen Knollen. Z. T. sind diese rund, z. T. unregelmäßig gestaltet, und einige zeigen auch schon äußerlich etwas von den darin enthaltenen Pflanzenteilen. Man ist versucht, derartige Knollen für Gerölle zu halten. Das ist aber irrtümlich, und es gibt eine Anzahl von Erscheinungen, die nur dann verständlich sind, wenn man die Knollen als innerhalb der Kohle oder richtiger in dem ehemaligen Torf an Ort und Stelle entstandene Ausscheidungen ansieht. Besonders deutlich tritt das in die Erscheinung, wenn man ein und denselben Pflanzenteil durch mehrere nebeneinanderliegende, von Kohlensubstanz getrennte Knollen hindurchgehen sieht. Das Versteinerungsmaterial dieser Knollen besteht bei uns gewöhnlich aus einem Gemisch von kohlensaurem Kalk, kohlensaurer Magnesia und einiger anderer Mineralsubstanzen. Das Material hat in diesem Falle das Meerwasser geliefert, das den Urtorf durchtränkte. Derartige Knollen finden sich nämlich nur in solchen Kohlenflözen, in deren Hangenden oder über welchen sich eine Schicht mit Meerestieren befindet, woraus also hervorgeht, daß Meerwasser das Urflöz überflutet hat. Der Inhalt der Knollen bietet uns ein prachtvoll konserviertes Bild der ehemaligen Urtorfsubstanz des Flözes, deren ganze Zusammensetzung dem Bild entspricht, das unter ähnlichen Verhältnissen ein heutiger Torf, natürlich mit anderem Pflanzeninhalt, bieten würde. Es braucht kaum hinzugefügt zu werden, daß unsere ziemlich ausführliche Kenntnis von der Anatomie der Steinkohlengewächse auf dem Inhalt dieser Knollen beruht. Solche „echten Versteinerungen“ finden sich auch in anderer Form und haben uns in Gestalt von einzelnen verkieselten Stämmen der verschiedensten Art oft geradezu wunderbar erhaltene Objekte für die Forschung beschert. Dahin gehören z. B. die berühmten Verkieselungen von Baumstämmen, Farnstämmen und ähnlichen aus einem vulkanischen Tuff bei Chemnitz in Sachsen, denen sich in anderen Gegenden der Erde zahlreiche andere anreihen, die zugleich Schaustücke der geologischen Museen bilden. Manchmal sind ganze Kieselgesteinsbänke von solchen Pflanzenresten erfüllt, die äußerlich auch recht unscheinbar aussehen und erst bei entsprechender Behandlung und unter dem Mikroskop ihre Geheimnisse enthüllen.

C. Die Nebengesteine der Kohle

Nachdem wir im vorigen besonders durch die letzten Erörterungen über die versteinerte Torfsubstanz in der Kohle erkannt haben, daß es sich in der Kohle um ehemaligen Torf handeln muß, der wenigstens größtenteils an Ort und Stelle nach Art des heutigen Moortorfs gebildet sein müßte, haben wir nunmehr einige Betrachtungen über die Eigentümlichkeiten der die Kohle begleitenden Gesteine, insbesondere der Schiefertone anzustellen, was uns bei der Frage der Kohlenbildung wieder weiterhelfen wird. Die Kohlen sind, wie wir S. 6 sahen, zwischen anderen Sedimentärgesteinen, nämlich zwischen Schiefern, manchmal auch zwischen Sandsteinen eingebettet. Sehr selten kommen andere Gesteine in Frage; die Konglomerate, die geröllführenden Schichten, liegen, wenn sie überhaupt vorkommen, meist in einigem Abstand von den Flözen. Glutflüssige Gesteine des tieferen Erdinneren können beim Empordringen Kohlenflöze durchbrechen und können sie auch deckenförmig überlagern, haben aber an sich mit den eigentlichen Nebengesteinen der Kohle nichts zu tun. Sie gehören nicht zur normalen Schichtenfolge der kohlenführenden Schichten, wie die Schiefer, Sandsteine usw., und sind nur als katastrophale Einbrüche und Abnormitäten aufzufassen, die in den normalen Schichtenkomplex eingebrochen sind.

Zwischen Sandsteinen und Schiefern gibt es viele Übergänge, indem manchen Schiefern sandige Substanz gleichförmig beigemengt ist; man spricht dann von Sandschiefern oder sandigen Schiefern. Die Gesteine, die sich in unmittelbarer Nähe des Flözes befinden, die es also unter- oder überlagern, sind meistens schiefriger Natur, und die grobkörnigen Gesteine, wie Sandsteine usw., folgen erst meist in einigem Abstand unterhalb oder oberhalb der Kohlen. Die Kohle setzt auch meist nicht oben oder unten glatt gegen das Gestein ab, sondern es finden sich noch mehr oder weniger kohlig schiefrige Schichten zwischen der reinen Flözkohle und dem Gestein darüber und darunter

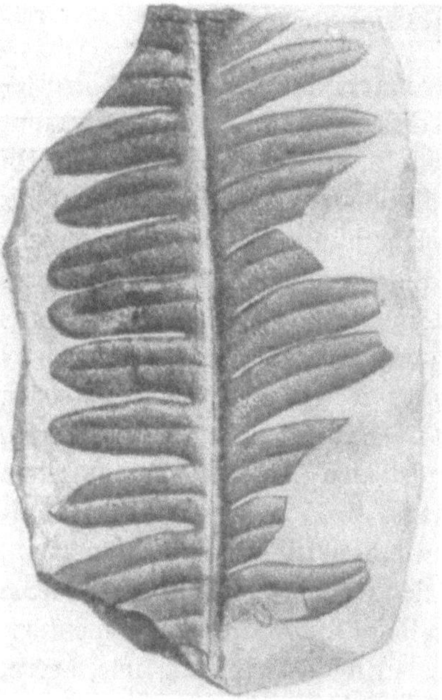

Abb. 9. „Pflanzenabdruck", kohlig erhaltenes Blatt einer farnartigen Pflanze, aus dem Hangenden eines Flözes im Ruhrrevier

(„Brandschiefer"). Das über dem Flöz liegende Gestein bezeichnet der Bergmann als das Hangende, das unterlagernde als das Liegende der Kohle. Das Gewöhnliche ist dann, daß über oder unter den genannten kohligen Schiefern gewöhnlicher Schiefer beginnt, der nun im Liegenden und Hangenden meist ein sehr verschiedenes Verhalten zeigt. Der hangende Schiefer spaltet meist gut nach den Schichtungsflächen und liefert größere Platten, auf denen nun in vielen Fällen wie im Herbarium ausgebreitet oft in Menge die Abdrücke herzugeschwemmter Teile von Pflanzen der damaligen Zeit liegen, wie sie in den Museen oft als Schaustücke ausgestellt sind (Pflanzenschiefer, Abb. 9). Statt dessen können auch in den Schiefern Abdrücke von Muscheln, z. T. noch mit Kalkschalen, eingelagert sein, oft in großer Menge. Es sind meist Süßwassermuscheln, gelegentlich aber auch Meerestiere, Muscheln, Schnecken, Kopffüßer (Cephalopoden, Goniatiten), ein Zeichen dafür, daß das betreffende Kohlenflöz nach seiner Ablagerung bald von Meereswasser überflutet worden ist. Manchmal sind auch die Schiefer fossilleer. Ganz anders verhält sich das Liegendgestein. Aus diesem kann man nicht oder nur selten schöne ebene Gesteinsplatten herausschlagen, sondern es zeigt sich klüftig und zerbröckelt meist, indem es unregelmäßige Stücke liefert, deren Begrenzungsflächen bald eben, bald schief, bald senkrecht zu den Schichtungsflächen verlaufen. Sieht man sich die Sache genauer an, so erkennt man den Grund dafür. Das Gestein ist nämlich horizontal und schräg von einer Art schmalen kohligen Bändern durchzogen, nach denen das Gestein auseinanderbricht. Diese kohligen Bänder sind weiter nichts als die Wurzeln von großen baumförmigen Gewächsen der Steinkohlenvegetation, besonders von Schuppenbäumen, Siegelbäumen usw. Wenn man der Sache noch genauer nachgeht, bemerkt man, daß diese Bänder oder Wurzeln von Wurzelstöcken ausgehen, die in dem Gestein mehr oder weniger horizontal eingelagert sind. Man kennt auch den inneren Bau dieser Wurzeln und weiß, daß es sehr zarte, inwendig meist hohle schlauchartige Organe waren, die einen Transport nicht ausgehalten hätten (Abb. 10). Daraus geht hervor, daß diese Wurzeln noch so in dem Gestein stecken nebst ihren Wurzelstöcken, wie sie in dem ehemals losen Boden gewachsen sind. Diese „Stigmarienböden" (Stigmarien sind die genannten Wurzelstöcke, die durch den Be-

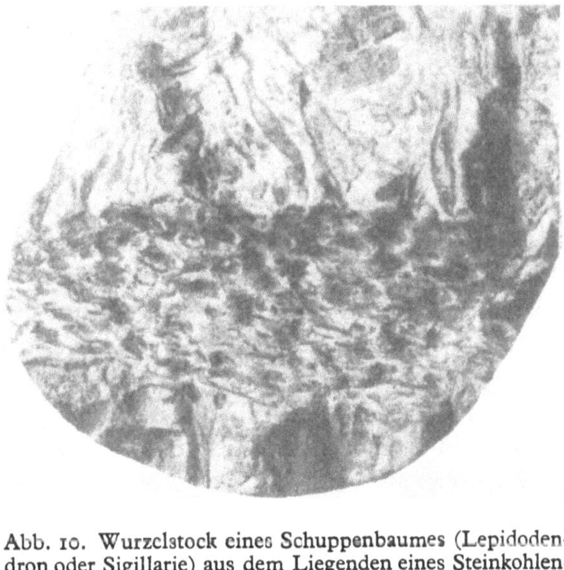

Abb. 10. Wurzelstock eines Schuppenbaumes (Lepidodendron oder Sigillarie) aus dem Liegenden eines Steinkohlenflözes mit seitlich abgehenden Wurzeln

sitz von zahlreichen punktförmigen Narben leicht kenntlich sind) finden sich fast mit Regelmäßigkeit im Liegenden der einzelnen Steinkohlenflöze und enthalten also den Anfang der Vegetation, die dann darüber das Torflager, das jetzige Kohlenflöz, aufgebaut hat. Auch bei anderen Kohlenlagern aus jüngeren geologischen Zeiten, z. B. aus der Juraformation, der Kreide, unter unseren Braunkohlenflözen und auch unter den jungen Torflagern der Neuzeit finden sich solche Wurzelböden. Sie sehen etwas anders aus als die der Steinkohlenzeit, da sie ja von andersartigen Gewächsen gebildet sind, zeichnen sich aber immer dadurch aus, daß die darin enthaltenen Wurzeln sich nicht um die Lage der Schichtungsflächen kümmern, sondern in beliebigen Richtungen das betreffende Gestein durchziehen. Unter den Torflagern oder Torfflözen sind diese autochthonen Wurzelböden oft darum schwer kenntlich, weil die Wurzeln in losen Materialien, wie Sanden, tonigen Schlammen usw., stecken, aus denen man nicht ohne weiteres zusammenhängende Stücke herausschlagen kann. Solche Materialien hebt man mit dem Spaten heraus und zerbricht sie dann mit der Hand; nur Material von Schlammnatur macht die Beobachtung schwierig. Da man also solche Wurzelböden unter allen möglichen Kohlenlagern mit ziemlicher Regelmäßigkeit findet, sind sie Zeugen dafür, daß im allgemeinen die Kohle darüber auch an Ort und Stelle entstanden ist, unabhängig von der Möglichkeit, daß einzelne Teile des Humuslagers durch zuflutendes Wasser lokal umgelagert sein können. Dagegen sind die Pflanzenreste in den Hangendschiefern des Flözes mit dem transportierten Schlammaterial fortgeführt und mit diesem zusammen als Sediment niedergelegt worden, also eingeschwemmtes Pflanzenmaterial. Den Übergang von der Flözkohle zu solchen Pflanzenschiefern bildet meist ein Gemisch von Humussubstanz und tonigen Sedimenten, der genannte Brandschiefer. Wenn man also in der Grube nach solchen Pflanzenabdrücken sucht, dann muß man das Hangendgestein durchklopfen, während das Liegendgestein wegen des unregelmäßigen Bruches und überhaupt meist keine brauchbare Fossilausbeute liefert.

So können wir nunmehr uns ein Bild von dem Ablagerungszyklus, dem Verlauf der Ablagerung der Nebengesteine der Kohle und des Kohlenflözes selber machen. Nehmen wir einmal einen Wechsel des Gesteins von Sandstein, Schiefer, Kohlenflöz, Schiefer, Sandstein und Konglomerat an, wie es in dem Profil Abb. 11 dargestellt ist und dem Befund in der Natur entspricht, so gestaltet sich die Bildung dieser Gesteinsfolge in nachstehender Weise. Zuerst wurde von verhältnismäßig stark fließendem Wasser Sand herangeführt, der später zu Sandstein wurde. Die Wassergeschwindigkeit verlangsamte sich, und das Wasser führte demgemäß nicht mehr die groben Sandkörner mit, sondern nur feinere tonige Teile, die zuletzt einen Schieferton bildeten. Das Wasser floß nun immer langsamer und wurde schließlich zu einer ruhigen Wasserfläche, wobei die Zuführung von tonigen und sandigen Materialien aufhörte. Auf dem ruhigen Grunde konnte sich nun eine wasserliebende Vegetation ansiedeln, die Torfmaterial aufhäufte, das größtenteils von den baumartigen Gewächsen der Steinkohlenzeit geliefert wurde. Durch Aufhäufung des Torfes wurde das Flöz allmählich dicker, bis eines Tages wieder aus irgendwelchen Gründen fließendes Wasser zunächst tonig-schlammiges Material heranbrachte, das das Flöz überdeckte und sich mit oberen Teilen der Torfschicht mischte, woraus dann später der genannte Brandschiefer und unreine Kohle entstand. Die Zuführung von Sedimentmaterial setzte sich fort, die meist etwas zunehmende Wassergeschwindigkeit brachte größere und kleinere Pflanzenteile teils desselben Flözes, teils

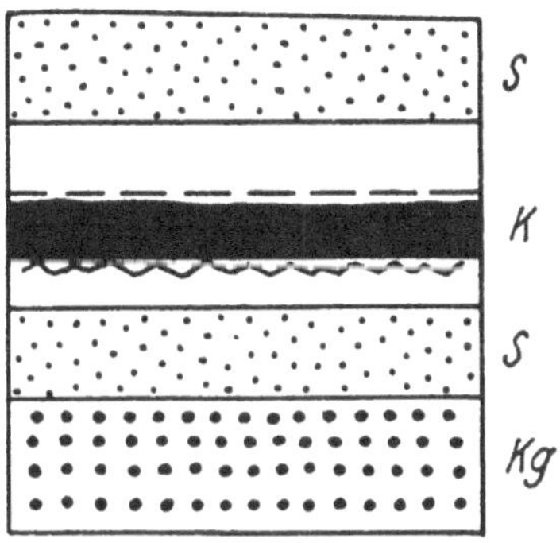

Abb. 11. Schema einer Gesteinsfolge mit einem Steinkohlenflöz. *Kg* Konglomerat (Geröllschicht); *S* Sandstein, weiß = Schiefer, schwarz = Kohle mit Brandschieferlage darüber und Wurzelboden darunter

von etwas weiter her mit, die mit eingebettet wurden und den vorn genannten Pflanzenschiefer lieferten. Nachdem dieser Prozeß eine Zeitlang angehalten hatte, kann sich die Fließgeschwindigkeit des Wassers wieder erhöht haben, und es wurde dann als Sediment wieder Sand mitgebracht – ein späterer Sandstein wurde abgelagert. Starke Zunahme der Wassergeschwindigkeit brachte schließlich auch grobes Material und kleine oder größere Gerölle mit: das Urmaterial eines späteren Konglomerats. Aus diesen Überlegungen geht hervor, daß die Flözbildung einen Ruhepunkt innerhalb der Ablagerung der Schichten darstellt, indem zur Zeit der Flözbildung kein von anderswoher zugeführtes Material abgelagert wurde, sondern das Flözmaterial entstand in unbewegtem Wasser an Ort und Stelle als Torflager. Das Kohlenflöz ist so geradezu ein Fremdkörper im Schichtenverband, obwohl es dessen Verlauf und Ablagerungsrichtung mitmacht (vgl. hierzu auch das Dreibild am Schluß).

Bei der geschilderten Art des Ablaufs der Ablagerung von Schieferton, Sandstein usw. und der Einschaltung der Kohlenflöze ist es erklärlich, daß eine unmittelbare Auflagerung von Sandstein über der Kohle selten ist; aber sie kommt auch vor als Zeichen dafür, daß schneller fließendes Wasser in diesen Fällen über das fertig gebildete „Torfflöz" hinströmte.

D. Das Großgeschehen bei der Ablagerung der Kohlenschichten

Wir hatten im vorigen genauer die Art und Weise betrachtet, wie das einzelne Flöz und seine umgebenden Gesteine sich gebildet und abgelagert haben, sozusagen ein Kleingeschehen der Erdgeschichte in der Steinkohlenzeit. Nun hat man es aber in der Natur fast niemals mit einem einzigen Flöz innerhalb des Gesamtschichtenverbandes zu tun, sondern mit einer Folge von zahlreichen, oft Hunderten von Kohlenflözen übereinander, die zwischen oft sehr mächtigen Schiefern, Sandsteinen, Konglomeraten in Wechsellagerung eingeschaltet sind. Allerdings ist nur ein Teil von ihnen so mächtig, daß er „bauwürdig" ist. Im

Ruhrrevier, Saarrevier, in Schlesien und in allen großen Kohlengebieten der Erde handelt es sich um oft Tausende von Metern mächtige Schichtenfolgen, innerhalb deren man den Wechsel der Schichten in obiger Weise bemerkt, wobei die Kohlen selbst meist nur einen geringen Prozentteil der Schichtenmächtigkeit ausmachen. Er kann unter Umständen weniger als 1% sein, in manchen Stellen aber auf 10–20% steigen, wie es in dem oberschlesischen Karbon mit seinen mächtigen Flözen ist. Auch in anderen Teilen Deutschlands und Europas kommt schichtenweise ein erstaunlicher Reichtum an Kohlenflözen vor, während andere viel ärmer daran sind, und manche auch noch zur „Steinkohlenformation" gehörigen Schichten sogar praktisch flözleer sind; in Westfalen hat man daher solche tieferen Schichten als das „Flözleere" bezeichnet.

Im ganzen sind es also jedenfalls in vielen Kohlenrevieren Tausende von Metern mächtige Schichten, die übereinander abgesetzt wurden. Das ist nur möglich und denkbar, wenn das ganze Gebiet sich in fortlaufender Senkung befand, wodurch die Ablagerungen der Sedimentmassen allmählich immer tiefer zu liegen kamen; sie wurden wieder von anderen überdeckt, bis schließlich eine derartige Schichtenmächtigkeit herauskam, wie wir sie jetzt vorfinden. Diese Senkungsvorgänge gingen natürlich langsam vor sich, und, wie wir schon im vorigen sahen, je nach der Fließgeschwindigkeit des die Sinkstoffe mitbringenden Wassers wurden Tone, gröbere und feinere Sande, Konglomerate usw. aufgehäuft. Der Senkungsbetrag fand also in verschiedenem Tempo statt. Dabei traten auch Ruhestadien oder Zeiten langsamster Senkung ein; diese sind es, die die Bildung von Kohlenflözen ermöglichten. Jahrhunderttausende, Jahrmillionen Jahre hindurch setzte sich dieses fort. Für das Verständnis der Entstehung dicker mächtiger Flöze ist ebenfalls die Annahme einer fortlaufenden Senkung notwendig. Die Aufhäufung der Torfmasse hielt dabei mit der Senkung ungefähr gleichen Schritt, so daß sich lokal Flöze von 10 und mehr Meter mächtiger Torfsubstanz – der späteren Kohle – aufhäufen konnten. Die Kohle selbst ist eine Art komprimierter Torf; beim Kohlungsprozeß sinkt die Masse oft auf ein Viertel und noch weniger zusammen; danach kann man sich ausrechnen, wie mächtig ursprünglich ein etwa 10 Meter mächtiges, fertiges Kohlenflöz ursprünglich gewesen sein muß; zuerst fand ein Zusammensinken der Torfmasse statt, und später fand durch den Druck der überlagernden Schichten eine weitere starke Zusammendrückung des Torf- bzw. Kohlenlagers statt. Gelegentliche, kurzdauernde, schnellere Senkung führte dann zur Heranschwemmung von Ton- und Sandsedimenten, nach deren Aufhören sich alsbald die Kohlenbildung fortsetzte. So entstand also eine dünnere Gesteinsbank innerhalb des Gesamtkohlenflözes, die der Bergmann als „Bergemittel" bezeichnet. Setzte sich die Sedimentzufuhr aber weiter fort, so war damit die Flözbildung als Ruhestadium innerhalb der Schichtenaufhäufung abgeschlossen. Es fand dann zunächst weiter die Bildung von Sedimentschichten, also den späteren Nebengesteinen, statt, bis dann wiederum eine Zeitlang Beruhigung in der Sedimentation eintrat und sich ein neues Flöz bildete. Es sind danach reine, günstige Zufälle, wenn einmal der Vorgang der Senkung mit der Aufhäufung der Kohlensubstanz so gegeneinander abgestimmt waren, daß sich beide die Waage hielten, also ein mächtiges Flöz von mehr oder weniger reiner Kohle zur Ablagerung kam. Immerhin waren diese Zufälle nicht so selten, wie man zunächst denken möchte, was ja aus dem Vorhandensein der mehr oder weniger mächtigen Flöze hervorgeht. Die Verhältnisse waren auch an verschiedenen Punkten derselben Ablagerungsgegend verschieden, so daß an der einen Stelle ein Flöz von reiner Kohlensubstanz aufgehäuft wurde, während dasselbe Flöz sich an einer anderen Stelle von Bergemitteln durchzogen zeigt, die also auf lokale Ungleichförmigkeiten bei den Senkungsvorgängen hinweisen.

Die Annahme solcher Senkungsgebiete oft gewaltigen Ausmaßes ist also für das Verständnis der Entstehung der mächtigen Ablagerungen Steinkohlenformationen notwendig, und es fragt sich nur, wie solche ungeheuer lange Zeiten hindurch absinkende Gebiete zustande kommen.

Wenn wir uns auf der Karte (Abb. 12) die Lage der europäischen Kohlenreviere ansehen, so erkennen wir, daß sie einem langgestreckten Zuge folgen, der sich, mit einigen Unterbrechungen vom Westen aus gesehen, in einem fortlaufenden Gürtel von Großbritannien über Nordfrankreich, Belgien, Holländ.-Limburg, Aachen bis zum Ruhrrevier erstreckt. Nach einem

Abb. 12. Lage der Kohlenreviere zu den Faltungsbögen der Steinkohlenzeit. *a* armorikanischer, *v* varistischer Bogen. — *E* großbritannische, *F* nordfranzösische, *B* belgische, *A* Aachener Vorkommen, *R* Ruhrrevier, *O* Oberschlesisches Becken, *D* Donezrevier, *S* Saarrevier, *Z* Zwickau-Lugau, *Bö* nordböhmische Reviere. — Schwarz = paralische, schraffiert = Binnen- oder limnische Reviere

längeren Abstand folgt dann das Oberschlesische Revier und weiterhin die neuerdings entdeckten, aber flözarmen Bezirke des Bug und nach einer weiteren gewaltigen Unterbrechung das Donezrevier in der Ukrainischen SSR. Außerdem sind noch, von Westen her gesehen, die Kohlenvorkommen von Mittelfrankreich, das Saarrevier und an kleineren Vorkommen die sächsischen und böhmischen Kohlen und das Niederschlesische Revier zu nennen. Weshalb wir die Vorkommen in diesen zwei

Reihen genannt haben, werden wir nachher sehen. Es ist nun aus der Geologie bekannt, daß zur Steinkohlenzeit in diesen Gebieten gewaltige Faltungen der Erdschichten stattgefunden haben, die wohl zur Aufrichtung von Gebirgsketten geführt haben dürften. Diese Faltungsvorgänge haben auch unsere Steinkohlenablagerungen in mehreren Etappen – sogenannten Faltungsphasen – umgestaltet und zusammengeschoben. Es ist nicht bekannt, ob es dabei zur Bildung hoher Gebirgszüge gekommen ist oder ob sich weniger hochragende Gebiete von Mittelgebirgscharakter herausgehoben haben. Jedenfalls entstanden aber auf diese Weise ausgedehnte Gebiete mit recht beträchtlichen Niveauunterschieden. Man hat früher sogar von „karbonischen Alpen“ gesprochen. Man spricht aber besser von „Faltenzügen“, von denen in Europa ein westlicher, nach dem lateinischen Namen der Bretagne = Armorika armorikanischer Faltungsbogen genannt wird; der östliche führt die Bezeichnung varistischer Faltungsbogen, nach dem germanischen Volksstamm der Varisker oder Varister. Die Lage dieser „Gebirgsbögen“ ist auf der Karte ersichtlich. Von diesen Bergzügen sind heute nur noch Reste zu sehen, wie die Ardennen, das Rheinische Schiefergebirge, der Harz, die Sudeten usw. Diese sind weiter nichts als die schon bald nach der Steinkohlenzeit abgetragenen und eingeebneten rumpfartigen Reste der ursprünglichen Faltungs- oder Gebirgszüge. Man sieht aus der Karte weiter, daß die Kohlenreviere der Richtung dieser Faltenzüge folgen, daß ihre Lage offenbar durch diese bestimmt ist. Es ist nun bei der Aufrichtung solcher Gebirgszüge eine ziemlich allgemeine Erscheinung, daß gewissermaßen als Ausgleich für die Überhöhung des Hauptfaltungsgebiets sich in den Gebieten davor Senkungsfelder und sinkende Becken ausbildeten, in die die Massen des von den Hochländern herabtransportierten zerkleinerten Gesteinsmaterials hineingeschwemmt wurden. Das kennen wir auch von dem viel jüngeren Alpengebiet in Form der sogenannten „Flysch-Schichten“ oder der Molasse; in diesen Schichten sind ebenfalls Kohlenflöze eingelagert, bald mehr, bald weniger oder auch fast keine. Jedenfalls bildeten sich in diesem Vorland der Faltungsgebiete solche Senkungsbecken in großem Maßstab aus, die schließlich enorme Mengen solcher Sedimente aufnahmen und Tausende von Metern an Mächtigkeit erreichten. Im Norden (und auch weit im Süden) dieses Faltungsgebietes flutete das Meer, jenseits des genannten flacheren Vorlandes; das weiß man daher, daß in mit unseren Steinkohlenschichten gleichaltrigen Schichten Meerestiere verschiedener Art, oft in Menge, auftreten. Dieses Meer muß also außerhalb der genannten „Vortiefen" geflutet haben. Zu gewissen Zeiten sank das Vorland stärker ab, so daß das Meerwasser in das Senkungsbecken hineinströmte, bald in großer Ausdehnung, bald in einzelnen Zungen. Die Meerestierwelt kam so in die Steinkohlenschichten hinein, und zwar oft in weiter Ausdehnung zu gleicher Zeit. Wir hatten auf diesen Umstand schon S. 26 hingewiesen, als wir von der Bildung des versteinerten Torfs in den Dolomitknollen gewisser Flöze sprachen. Diese „marinen Horizonte" spielen für den Geologen und Bergmann als Leitschichten in gewissen Revieren eine große Rolle, und einzelne sind über Hunderte von Meilen hin zu verfolgen, wie der Horizont über dem Flöz Katharina und über Flöz Finefrau Nebenbank des Ruhrreviers, der von Großbritannien bis zum Ruhrrevier verfolgt werden kann. Diejenigen Kohlenreviere, die solche marinen Horizonte führen, werden als paralische bezeichnet (para = an, bei, und hals = Meer, griech.). Es gibt aber auch andere, meist kleinere Kohlenreviere, die mehr innerhalb der genannten Faltungszüge lagen und daher niemals vom Meerwasser erreicht wurden. Diese nennt man „limnische Becken"; sie enthalten nur Süßwasserablagerungen. Dahin gehört die zweite Reihe der obengenannten Kohlenbecken (Saarrevier usw.). Wir brauchen nun auf weitere Einzelheiten nicht einzugehen, was hier zu weit führen würde und in den Lehrbüchern der Geologie nachgelesen werden kann; es genügt für uns, den Zusammenhang der Kohlenreviere mit einem „Großgeschehen" auf der Erdoberfläche, eben mit der Ausbildung der Faltungszüge und deren „Vortiefen", klargestellt zu haben, und wir haben dies erklärlicherweise an den uns nächstliegenden Gebieten Mitteleuropas ausgeführt. Grundsätzlich ähnliche Verhältnisse liegen bei anderen, auch außereuropäischen Kohlenbecken vor.

Unsere Kohlenbecken lehnen sich also nördlich als Vorland an den westlichen Teil des varistischen Faltungszuges in Form von großen Senkungsbecken an, und so ist es mit den belgischen Becken mit Bezug auf die Ardennen, mit dem Aachener Gebiet nördlich der Eifel, mit dem Ruhrrevier nördlich des Abfalls des Rheinischen Schiefergebirges; im nordfranzösischen Gebiet zeigt das Hinterland der Kohlenvorkommen weniger gebirgigen Charakter. Daß aber auch hier gewaltige Schub- und Faltungskräfte am Südrand der Kohlenbecken wirksam gewesen sind und sogar bedeutend stärker als weiter westlich, das zeigen die geologischen Verhältnisse im Untergrund, wo entlang einer gewaltigen Störungslinie Schichten von viel höherem geologischem Alter auf Teile des jüngeren Steinkohlengebirges aufgeschoben sind (große Südüberschiebung, faille du midi), was nur durch für uns unvorstellbar gewaltige gebirgsbildende Kräfte geschehen sein kann. Derselbe gewaltige Schub von Süden her hat im Rahmen der ganzen Faltungsbewegungen in den Erdschichten diese Verhältnisse geschaffen, die auch in den komplizierten Lagerungsverhältnissen in diesen Kohlenbezirken zum Ausdruck kommen. Auch unsere westdeutschen Kohlenablagerungen haben einen solchen Schub von Süden her erlitten, und in seinem Gefolge sind die Faltungsbilder entstanden, die im Ruhrrevier und mehr noch im Aachener Revier sichtbar sind (Abb. 13). Es haben sich eine Reihe von Mulden und Sätteln gebildet, wie der Geologe es nennt, wobei als Mulden die Täler der Faltungen, als Sättel ihre Köpfe bezeichnet werden. Außerdem sind alle diese Gebiete noch durch Zerrüttungslinien, Verwerfungen von oft sehr weiter Erstreckung ausgezeichnet, die ungefähr von Norden nach Süden verlaufen und die gesamten Steinkohlenschichten in einzelne „Schollen" zerlegt haben, so daß dieselben Flöze auf der einen Seite der Verwerfung oft Hunderte von Metern höher oder

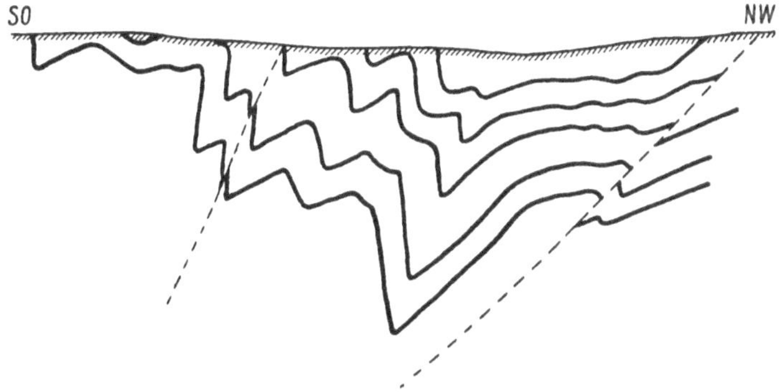

Abb. 13a. Stark gefaltete Flöze des Wurmbezirks im Aachener Revier. Gestrichelt = Verwerfungslinien

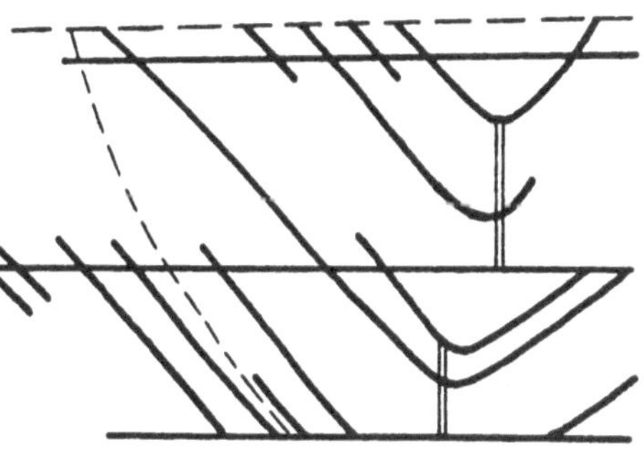

Abb. 13b.
Schwach gefaltete Flöze von Zeche Rheinpreußen am linken Niederrhein

tiefer liegen als auf der anderen. Man spricht da von Horsten und Gräben, wobei als Gräben die abgesunkenen Teile, als Horste die stehengebliebenen bezeichnet werden. Mit der eigentlichen Kohlenbildung haben diese Vorgänge aber nichts zu tun, da sie sämtlich erst lange nach der fertigen Ablagerung der flözführenden Schichten einsetzten und in dem ursprünglich einfach gestalteten Senkungsbecken komplizierte Lagerungsverhältnisse hervorbrachten, wie wir sie jetzt finden. Derartige Komplikationen kommen in jedem Kohlenbecken vor und gehören für den Bergmann und Geologen zum Alltäglichen, was leider für den Bergbau oft Schwierigkeiten genug verursacht.

Bis auf geringe Ausnahmen zeigen nur die jüngsten Kohlenablagerungen, wie unsere mitteldeutschen Braunkohlen, oft noch die ursprüngliche, normale, horizontale Ablagerungsweise, wie sie bei der Bildung der Kohle vorhanden gewesen ist, wenngleich die Flöze auch hier bereits von andern Schichten überdeckt sind, in Mitteldeutschland namentlich von den Schichten der letzten Eiszeit. Aber selbst bei diesen jungen, also noch wenig gestörten Schichten ist das keineswegs immer der Fall; es gibt auch hier bereits „Faltungserscheinungen“, so z. B. in der Oberlausitz und im östlichen Gebiet der Oderbraunkohlen, wo die Schichten ebenfalls zu Mulden und Sätteln zusammengestaucht sind, obwohl die umgebenden „Gesteinsschichten“ noch gar nicht verfestigt sind, sondern noch lose Massen bilden. In diesem Fall ist es vielfach der starke Schub der vorrückenden Inlandseisdecke gewesen, der den Boden bis tief in den Untergrund hinunter aufgewühlt und zusammengeschoben hat, so daß die Kohlen mitgefaltet wurden; auch andere Unregelmäßigkeiten kommen vor. Wir müssen hier gleich hervorheben, daß im übrigen die Braunkohlen- oder Tertiärzeit auch einerseits eine besonders kohlenreiche Zeit auf der Erde war, andererseits eine Zeit starker Gebirgsbildung, also von Faltungen in der Erdrinde. Die bedeutendsten Gebirgszüge der Erde von beträchtlicher Höhe (Alpen, Anden, Kordilleren, asiatische Hochgebirge) sind ja in dieser Zeit auch aufgefaltet worden. Auch hier sehen wir mehr oder weniger deutlich einen Zusammenhang zwischen stark gebirgsbildenden Zeiten und besonders kohlenreichen Erdschichten. Wo diese jüngeren kohlenführenden Schichten von den gebirgsbildenden Kräften erfaßt wurden, sind die Ablagerungen bereits zu festen Gesteinen und die Kohlen sind schon steinkohlenartig geworden. Das haben wir in Europa und vielen außereuropäischen Ländern, ja auch in Deutschland selbst im Alpenvorland, wo die sogenannte „oberbayerische Pechkohle“ von den Alpenfaltungen mit betroffen wurde und daher eine mehr steinkohlenartige Qualität angenommen hat. In anderen Ländern kommen auch in dieser Braunkohlenzeit schon Kohlen von Steinkohlencharakter vor.

Wir haben diese Bemerkungen hier hinzugefügt, weil der heutige verworrene und stark veränderte Zustand unserer Steinkohlenbecken fast nichts mehr von der ehemaligen normalen, horizontalen Lagerung der Gesteinsschichten und der Kohlenflöze erkennen läßt. Mit der Faltung der Schichten wurden die Flöze mitgefaltet und aufgerichtet, so daß der Neigungswinkel bei den einzelnen Kohlenlagern, das Einfallen, jetzt sehr verschieden ist; es kommen ganz horizontal liegende, ganz steil aufgerichtete Flöze mit allen Zwischenstufen vor. Durch die Faltungsvorgänge ist auch das ursprüngliche „Streichen" (Horizontalerstreckung) der Kohlenlager verändert worden, indem durch dieselben Vorgänge zahlreiche wannenartige Mulden usw. geschaffen worden sind, die jetzt in sich geschlossene kleine Teilbecken bilden, von deren späterer Entstehung die ursprüngliche regelmäßige Ablagerung des Gesamtbeckens nichts ahnen ließ.

E. Die Rolle der Grundstoffe der Pflanzen bei der Bildung und Reifung der Kohle (Kohlungsprozeß)

Die Substanz der Pflanzen überhaupt, auch der jetzigen, besteht ja aus im einzelnen recht verschiedenen Stoffen, und wir hatten davon schon S. 10, 18 bei den Erscheinungen der Kohlenstruktur und bei dem Mazerationsprozeß sprechen müssen. Als Hauptsubstanzen des Pflanzenkörpers muß man die Zellulose und den Holzstoff, das Lignin, betrachten. Alle Zellwände der Pflanzen enthalten Zellulose, aber meist nicht rein, sondern vielfach imprägniert mit anderen Stoffen. Einer davon, und zwar der wichtigste, ist der genannte Holzstoff, das Lignin, das den Holzzellen und den Bastzellen ihren besonderen Charakter und ihre Festigkeit verleiht. Die Zellulose ist der empfindlichere Teil, und so bestehen die zarteren Zellen, wie z. B. die im Mark der Bäume, die Zellwände vieler lebender Zellen im Pflanzenkörper wesentlich aus Zellulose. Die chemische Fabrik, die die Pflanze letzten Endes darstellt, erzeugt nun außer der Zellulose auch alle möglichen anderen organischen Stoffe, zu denen auch das Lignin gehört. Durch die Imprägnierung mit diesem Stoffe erhalten die betreffenden Zellen ihre größere Festigkeit und Widerstandsfähigkeit, wie außer den Holzzellen auch die zahlreichen in den Stengeln der Kräuter und in der Rinde der Bäume vorhandenen Bastfasern zeigen, deren dicke Zellwände mit Holzstoff gewissermaßen „getränkt" sind. Außerdem sind es andere Stoffe, mit denen die Pflanze die Zellwände durabler und zwar in erster Linie chemisch widerstandsfähig macht: die korkartigen Stoffe. Auch mit ihnen werden die Zellwände nicht nur gewisser Rindengewebe, sondern auch die Blatthäute, Stengelhäute, die Häute der Pollenkörner und der Sporen der farnartigen Gewächse usw. imprägniert. Wie wir bereits früher gesehen haben, erhalten die Zellwände dadurch in der Tat eine oft erstaunliche chemische Widerstandsfähigkeit, die sich in der Kohle selber noch lange bemerkbar macht. Das haben wir bei der Anwendung der Mazerationsmethode gesehen.

In der jungen Torfsubstanz, dem Urmaterial jeder Kohle, ist zunächst sowohl Zellulose als Lignin in Menge vorhanden. Die Tätigkeit der Bakterien und später andere rein chemischen Prozesse verringern nun bald den Gehalt an Zellulose, wogegen die Ligninsubstanz meist länger erhalten bleibt; selten findet das Umgekehrte statt. Daß das möglich ist, trotz der an sich größeren Hinfälligkeit der Zellulose, zeigt uns der Sulfitprozeß bei der Papierfabrikation, wo der Holzstoff durch die Sulfitlösung herausgezogen wird und als Grundsubstanz Zellulose übrigbleibt. In der Natur wird also meist die Zellulose zuerst zersetzt. Die Folge dieser Tatsache war nun, daß besonders die Kohlenchemiker behaupteten, daß die spätere Kohle wesentlich aus Lignin entstanden sei und daß die Zellulose so weit zerstört würde, daß sie bei der Bildung der Kohlenmasse keine Rolle spiele. Auf der anderen Seite standen insbesondere Vertreter der Geologie der

Kohle, die beiden Stoffen eine Rolle beim Kohlenbildungsprozeß zuschrieben, wenn auch das Lignin die größere Rolle dabei gespielt haben mag. Die Chemie des Holzstoffs, des Lignins, ist ziemlich kompliziert, und noch mehr diejenige der entstehenden Humusbildungen, der späteren Kohle. Wir können auf die Einzelheiten der Ansichten der Chemiker hier nicht weiter eingehen, da sie bedeutende Vorkenntnisse in der organischen Chemie verlangen. Tatsache ist nun aber, daß bei den Bast- und Holzzellen, bei denen die Zellulose mit Ligninstoffen imprägniert ist, und noch mehr bei den korkartigen Geweben, wo die Zellulose mit Korksubstanzen verbunden ist, die Zellulose selber noch sehr lange erhalten bleibt, so daß man sie z. B. aus den Baumstämmen der Braunkohle und aus Rindengewebe noch in sehr nennenswerter Menge herausgewinnen kann, indem man die kohlige Humussubstanz mit Alkalilaugen herauszieht, eventuell unter vorhergehender Behandlung mit Salpetersäure. Man kann auf diese Weise nachweisen, daß sich in den Holzzellen der Braunkohlenhölzer noch bis zu 10–20% Zellulose erhalten hat, deren Natur man leicht durch Einwirkung von Chlorzinkjod feststellen kann, das die Zellulose blau färbt. In späteren Kohlungsstadien als bei der gewöhnlichen Braunkohle, wie sie bei uns in Mitteldeutschland auftritt, ist das nicht mehr möglich. Die Zellulose kann aber im Verlauf des weiteren Kohlungsprozesses, wo die Braunkohle schließlich in steinkohlenartige Kohlen übergeht, nicht mehr „verschwinden“, sondern sie muß in der Kohle verbleiben, aber in Form von Umsetzungsprodukten, die ihre Herkunft dann nicht mehr erkennen lassen. Die Versuche, bei solchen Kohlen und selbst bei der gewöhnlichen Braunkohle noch einen Gehalt an Lignin festzustellen, sind schon sehr schwierig und führen auch bei der Steinkohle zu nichts. Nach den obigen Überlegungen ist aber anzunehmen, daß auch Zellulosebestandteile bei der Bildung der schließlichen Kohlenmasse eine beachtenswerte Rolle spielen. Auch in den verkorkten Geweben bleibt die Zellulose lange erhalten dank ihrer Imprägnierung mit diesen Stoffen. Es wird eben, wie wir auch schon S. 16 hervorgehoben haben, alles nunmehr allmählich in Steinkohlensubstanz umgesetzt, „karbonisiert". Das trifft auch auf andere im Torf und in der Kohle enthaltene Bestandteile zu, von denen wir nur noch die harzigen und fettig-öligen erwähnen wollen. Es gibt in der Braunkohle und noch in den schon steinkohlenartigen Braunkohlen noch schmelzbare und in entsprechenden Flüssigkeiten lösliche Harze, die also bei diesem Kohlungsstadium noch nicht so stark umgewandelt sind. Bei weiterer Reifung der Kohle verlieren auch diese Harzstoffe ihre „Reaktionsfähigkeit" und werden „karbonisiert". Sie sind wohl noch in der Kohle unter dem Mikroskop länger kenntlich, aber sie reagieren nicht mehr als Harze, Wachse usw. Je reifer die Kohle ist, desto reaktionsloser werden allmählich die darin enthaltenen Pflanzengrundstoffe. Der Streit zwischen den beiden Richtungen, die wir eben charakterisiert haben, gilt zwar auch heute noch nicht als erledigt, aber die obigen Überlegungen und Tatsachen dürften doch zeigen, daß man nicht von einem völligen Verschwinden der Zellulose, der Korksubstanz, der Harze usw. sprechen sollte, da man sieht, daß sie nur allmählich immer weniger in ihrer ursprünglichen Natur als Zellulose erhalten bleibt, indem sie in „Kohlensubstanz" übergeht. Humussubstanzen können sowohl aus holzstoffhaltigen Pflanzen als auch aus Zellulose bei geeigneter chemischer Behandlung dargestellt werden, und es gibt auch in der Natur Fälle, wo die natürlichen in der Kohle auftretenden chemischen Stoffe aus den Holzzellen die Zellulose isoliert haben, wie wir es künstlich beim Sulfitlaugenprozeß machen. Sicher wird wohl nach allem die Holzsubstanz eine Hauptrolle bei der Kohlenbildung gespielt haben, aber andere Grundstoffe der Pflanzen in geringerem Grade auch; sie verschwinden nicht, sondern aus ihnen entstehen andere Verbindungen, die sich von denen aus der Ligninsubstanz hervorgegangenen Teilen der Kohle nicht mehr unterscheiden lassen.

F. Einige eigentümliche Spezialkohlen: Boghead- und Kannelkohlen

Im vorigen ist das Wesentliche über die Struktur der Steinkohlen mitgeteilt worden. Es mögen aber anhangsweise noch einige Worte über die obengenannten Kohlenarten mitgeteilt werden, weil sie besondere Eigentümlichkeiten in der äußeren Beschaffenheit, im chemischen Verhalten und besonders in der mikroskopischen Struktur bieten. Sie zeigen zugleich, daß es Fälle gibt, bei denen das Urmaterial der Kohle einen besonders fühlbaren Einfluß auf die spätere Qualität und Eigenart der Kohlen ausgeübt hat. Die gewöhnlichen Steinkohlen sind bei der Entwicklung ihrer Endqualität von dem Urmaterial in ziemlichem Grade unabhängig, indem sowohl aus dem Urtorf der Pflanzenwelt der Steinkohlenzeit als auch aus dem der Mittelzeit der Erde, z. B. der Juraformation, und schließlich auch aus dem Pflanzenmaterial der Neuzeit mit ihren bedecktsamigen Pflanzen, der Überzahl unserer Kräuter und Laubbäume, gemischt mit Nadelbäumen, bei genügender Fortsetzung des Kohlungsprozesses gleichartige Kohlen hervorgehen können. Allerdings werden bei jungen Kohlen der Braunkohlenzeit höhere Reifungsstadien, z. B. das der Fettkohle, der Magerkohle oder gar des Anthrazits gewöhnlich nicht erreicht, sondern der Fortgang des Kohlungsprozesses bleibt bei ihnen in einem weniger fortgeschrittenem Stadium stecken, und es bedarf besonders intensiver Anstöße und stark wirkender Faktoren, um ein höheres Kohlungsstadium herbeizuführen. Solche Einwirkungen können stattfinden durch besonders starke tektonische, starke Preßwirkungen mit sich bringende Vorgänge oder häufiger durch den Einfluß von die Kohlenlager durchbrechenden oder überdeckenden glutflüssigen Gesteinen, wie z. B. Basalt, Andesit u. dgl. (S. 27).

Die Boghead- und Kannelkohlen zeichnen sich schon rein äußerlich vor den gewöhnlichen glänzenden Steinkohlen aus, indem sie eine durchweg matt schwarze oder auch matt schwarzbraune Oberfläche zeigen, außerordentlich zähe sind und keinerlei Schichtung erkennen lassen, insbesondere keinen Wechsel von matten und glänzenden Lagen. Die Kannelkohlen sind meist schwarz, die Bogheadkohlen zeigen meist einen Stich ins Braune. Diese beiden Kohlenarten kommen meist in Zusammenhang mit gewöhnlichen Steinkohlen vor und besitzen fast immer nur geringe Mächtigkeit, die bei uns kaum 1 Meter erreicht. Der Bruch der Kohlen ist muschelig, und auf der Oberfläche zeigen sie oft einen seidigen Schimmer. Sie färben auch nicht ab, und man kann sie, ohne sich zu beschmutzen, handhaben. Vermöge ihrer Zähigkeit hat man, wenn man mit dem Hammer auf plattige Stücke davon klopft, einen ähnlichen Eindruck, als wenn man auf Holzbretter klopft. Ihre Massivität und Zähigkeit bringt es mit sich, daß sie sich nicht leicht in Stücke schlagen lassen. Dünne Splitter oder Plättchen von ihnen brennen nach dem Anzünden unter starker Rauchentwicklung weiter, woher der Name der Kannelkohle rührt (engl. candle = Kerze). Insbesondere für die Bogheadkohle sind noch andere Lokalnamen im Gebrauch, von denen wir nur den Namen Torbanit anführen wollen, der von einer schottischen Lokalität Torbane hill herrührt, wie auch der Name Bogheadkohle. Chemisch zeichnen sich beide Kohlenarten durch einen sehr starken Gehalt an flüchtigen Bestandteilen (Gasgehalt), insbesondere von schweren Kohlenwasserstoffen aus. Daher wurden früher und in geringerem Maßstabe noch jetzt die Bogheads zur Gewinnung von Ölen verschiedener Art durch Destillation benutzt. Diese Boghead-Industrie ist an den meisten Orten durch die Konkurrenz des natürlichen Erdöls zum Erliegen gekommen. Größere Vorkommen von Boghead waren besonders in Schottland, in Südafrika und in Australien vorhanden, und früher wurde das Material zur Erzielung eines höheren Kohlenwasserstoffgehalts als Zuschlag in den Retorten der Gasfabriken benutzt. Die Kannelkohle ist in den Ländern mit größeren Vorkommen von Steinkohle allgemeiner verbreitet, so auch bei uns im Ruhrrevier, in Schlesien und auch in Saarbrücken. Die bergmännische Gewinnung macht wegen der zähen

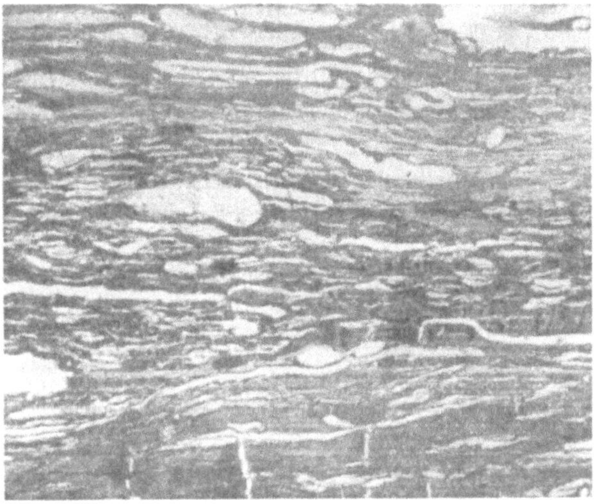

Abb. 14. Vertikalschliff durch eine Kannelkohle mit vielen flach zusammengesunkenen großen und kleinen Sporenhäuten (vgl. auch Abb. 4 oben). Etwa 100mal vergr.

Beschaffenheit der Kohle Schwierigkeiten. Wegen eben dieser Zähigkeit wurden aus Kannelkohle auch allerhand Ziergegenstände, wie Aschenbecher, Briefbeschwerer und sogar bildhauerische Schnitzereien hergestellt, was aber zu einer Herstellung von Handelswaren nicht geführt hat. In Deutschland kommt Bogheadkohle nur sehr untergeordnet und mehr als Kuriosität vor. Ihre Natur offenbaren diese Kohlen am besten, wenn die begleitenden Kohlen sich in einem jüngeren Steinkohlenstadium befinden, z. B. in dem der Gasflammkohle (S. 15).

Die wahre Natur dieser Kohlen offenbart sich, wenn man ihre mikroskopische Struktur näher untersucht, was nicht schwierig ist, da sie sich wegen ihrer Zähigkeit leicht dünnschleifen lassen. Abb. 14 zeigt das Bild einer senkrecht durchschnittenen Kannelkohle. Man sieht eine mehr oder weniger stark hervortretende, tiefschwarze Grundmasse, in der sich zahllose kleine, in der Schichtungsrichtung liegende größere oder kleinere helle Striche bemerkbar machen. Diese stellen sich bei der genaueren Betrachtung als zahllose Häute oder Häutchen von großen und kleinen Sporen und Pollen heraus. Wir hatten bereits früher darauf hingewiesen, daß die harten, zähen und matten Streifen in der gestreiften Steinkohle ein ähnliches Bild bieten, und in der Tat sind also die Kannelkohlen weiter nichts als dickere Bänke solcher Mattstreifen, die wir als Durit bezeichnet haben (S. 11).

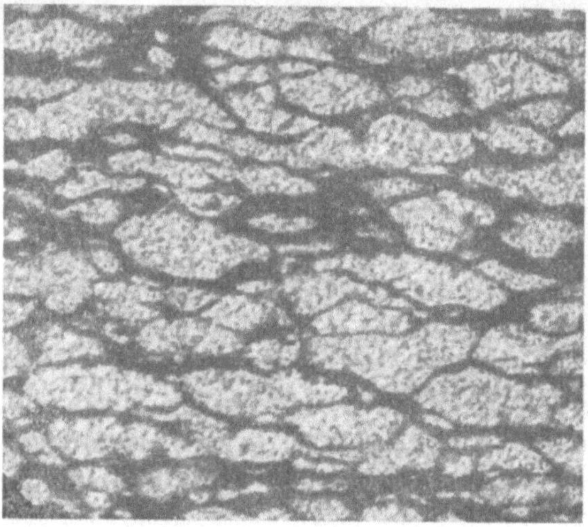

Abb. 15. Vertikal durchgeschliffene Bogheadkohle mit vielen Ölalgenkörpern aus Australien. Etwa 30mal vergr.

Der hohe Gehalt an Kohlenwasserstoffen hängt mit dem hohen Gehalt an diesen Sporenhäuten zusammen, deren Häutchen durch die Imprägnierung mit kork- und fettartigen Substanzen einen starken Gehalt an Bitumenstoffen mit sich bringen.

Dünnschliffe von Bogheadkohlen bieten ein ganz anderes Bild (Abb. 15). Auch hier ist eine schwarze Grundmasse vorhanden, die aber meist gegen zahlreiche dickere und dünnere helle Körper zurücktritt. Bei guter Erhaltung zeigen diese, die übrigens recht verschiedene Dimensionen haben und bald nur kleine linsen-, bald größere fladenförmige Gestalt haben, eine gewisse unregelmäßige Zellenstruktur und meist in der Mitte eine dunkle schwarze Linie, die vor dem Zusammensinken einen Hohlraum darstellten; bei manchen Arten sind diese Körper auch mehr massiv und mehr kugelförmig gewesen. Man weiß jetzt, daß diese Körper, die bei den Bogheads die Träger des Bitumenreichtums sind, ursprünglich wasserbewohnende, eigentümliche sehr ölreiche Algen waren, von denen auch heute noch vergleichsweise ähnliche Nachkommen existieren. Es ist also eine aus ölreichen Algen bestehende Kohle; die Algen werden ursprünglich etwa den Anblick einer grünen Algenwasserblüte geboten haben. Es kommen auch Zwischenstufen zwischen beiden Kohlenarten vor, bei denen also z. B. neben den Bogheadalgenkörpern auch Sporen und Pollen beigemischt waren.

Bei diesen Kohlenarten spielt also das ursprüngliche Urmaterial viel mehr eine bestimmende Rolle für die Beschaffenheit als Kohlen, als es bei gewöhnlichen Steinkohlen der Fall ist. Bei späteren Kohlungsstadien sind die Eigenschaften und Eigentümlichkeiten dieser Kohlen weniger ausgeprägt, was man insbesondere von der Kannelkohle weiß, die dann auch mehr glänzend und weniger zähe wird. Die Kohlenmasse wird also auch bei ihnen mehr und mehr „karbonisiert“, wie wir es früher genannt haben. Es sind jedenfalls ebenso merkwürdige wie interessante Kohlenarten.

Erläuterung zum Dreibild

An dem beigegebenen Dreibild haben wir versucht, den Werdegang der Bildung eines Kohlenflözes darzustellen. Das erste Bild zeigt uns ein in Bildung begriffenes Torflager, also das spätere Kohlenflöz, vertikal durchschnitten. Auf seiner Oberfläche wächst Moorvegetation der Steinkohlenzeit fort und häuft weiter Torf auf. In der noch jungen Torfsubstanz sieht man noch einzelne der größeren Pflanzen und Pflanzenteile deutlich; sie sind auf dem Bilde etwas stärker betont, als sie in Wirklichkeit gewesen sein dürften. Wo das Torflager dem unterlagernden Boden aufliegt, ist der Torf ein Stück abgedeckt und man sieht daher in den Boden hineingehende Wurzeln und Wurzelstöcke (Stigmarien). Darunter sieht man Wurzelstöcke der schachtelhalmartigen Calamiten bloßgelegt. Der Boden — der jetzige Schieferton —, in dem sie stecken, setzt sich unten fort mit etwas Sandstein, und unten wiederholt sich noch einmal eine solche Calamitenlage. Die Vegetation auf der Oberfläche des Flözes besteht links aus reicher verzweigten Schuppenbäumen (Lepidodendren) mit Blättern und Zapfen in der Krone, dahinter einige fast unverzweigte Siegelbäume (Sigillarien); am Boden befinden sich Farne und farnartige Gewächse (Farnsamer), die teilweise auch an den Stämmen emporklettern. Weiter rechts stehen unverzweigte und verzweigte Calamiten und vor diesen im Wasser schwimmend namentlich Sphenophyllen, die allerdings heute mehr als sich stützende Luftpflanzen aufgefaßt werden. Eine Anzahl Stämme sind, wie im wildwachsenden Urwald auch heute, umgestürzt und vermodern in horizontaler Lage.

Auf dem zweiten Bild ist ein späteres Stadium der Ablagerung dargestellt, das Torf-Kohlen-Flöz ist von anderen Erdschichten bedeckt, und einzelne Gewächsformen sind nur noch undeutlich darin sichtbar. Dagegen bleiben in dem unterlagernden Gestein die Wurzelstöcke, Wurzeln und Calamitenstöcke noch weiterhin sichtbar, wenn auch nicht mehr so deutlich, und z. T. zusammengepreßt und gesunken. Oben über der Mitte des Flözes ragt ein Stück Stamm in das überlagernde Gestein hinein; er ist mit Gesteinsmasse erfüllt; derartige Stämme fallen beim Fortnehmen der Kohle leicht herunter und bilden die gefürchteten Sargdeckel oder Kessel, auf deren Befestigung der Bergmann bedacht sein muß. Auf der jetzigen Oberfläche des Bodens wächst wiederum eine jüngere Steinkohlenvegetation; links Farne, Farnbäume, Siegelbäume, im Hintergrunde Calamiten, rechts weitere Farnbäume und hohe Cordaitenbäume, eine am Ende der Steinkohlenperiode ausgestorbene Pflanzengruppe. Die Wasserfläche in der Mitte zeigt wieder Schwimmpflanzen wie vorher.

Auf dem dritten Bild ist das Flöz durch weitere überlagernde Schichten weiter versenkt worden. In der Kohle, die längst zu Steinkohle geworden ist, erkennt man keine Einzelheiten mehr; nur der Stammstumpf über dem Flöz ist noch weiter sichtbar und bleibt weiter erhalten. Die Wurzeln und Calamiten unter dem Flöz sind ebenfalls weiter zu verfolgen, das Flöz selber ist gefaltet und in mehrere Teile zerrissen („verworfen"). Der Teil links ist über den Teil rechts etwas hinaufgeschoben, läßt aber hier noch den ehemaligen Zusammenhang erkennen. Die Verwerfungsspalte in der Mitte, nach der die Zerreißung des Flözes sich vollzogen hat, ist deutlich sichtbar. Weitere Teile der Steinkohlenschichten oben sind abgetragen und eingeebnet. Darüber haben sich dann viel jüngere Schichten gelegt; zunächst hat schnellfließendes Wasser eine Geröllschicht mitgebracht, nunmehr als Konglomerat erscheinend, darüber wieder Schiefertone oder Sandsteine. Die Oberfläche wird von einer Millionen Jahre jüngeren Vegetation bedeckt, die aus dem Mittelalter der Erde, etwa der Juraformation, genommen ist. Sie zeigt ganz andere Gewächse als zur Steinkohlenzeit, nämlich Nadelbäume (links, rechts am Rande), Farne, Cycadeen („Palmfarne"-)Gewächse und im Hintergrunde eine Vegetation von großen Schachtelhalmen, die bis auf ihre Größe an die heutigen kleineren erinnern. Die palmenartigen Bäume im Hintergrunde sind keine Palmen, sondern baumartige Cycadeen, die nur in der äußeren Gestalt an Palmen erinnern können, selbst aber in Wirklichkeit nacktsamige Gewächse sind. Die steinkohlenführenden Schichten sind in Wirklichkeit meist viel tiefer in die Erdschichten versenkt, und es können sich noch weitere jüngere Schichten daraufgesetzt haben. Die Juraformation ist ja auch einige hundert Millionen Jahre jünger als die Steinkohlenformation und liegt von der heutigen Zeit aus gesehen auch einige hundert Millionen Jahre zurück.

1.

II.

III.

Friedrich von Raupach

Beitrag zur Geiseltalforschung

Die Arbeit behandelt eine großangelegte Grabung ausgestorbener Käfer in der Braunkohle des Geiseltales bei Merseburg und erläutert die Bildung der Braunkohlen in Senken, die durch unterirdische Auslaugung von Salzlagern entstanden waren.

Hans Wilhelm Quitzow

Über die Altersbeziehungen zwischen der älteren Braunkohlenformation Mitteldeutschlands und dem marinen Eozän Norddeutschlands

Die festländischen Bildungen der älteren Braunkohlenformation in Mitteldeutschland und charakteristische Meeresabsätze in Norddeutschland haben sich gleichzeitig während der Eozänzeit gebildet. Ihre Berührung und Verzahnung in der Gegend von Helmstedt werden beschrieben und zu genaueren Altersvergleichen herangezogen.

Beide Abhandlungen in einem Heft — 26 Seiten — 1948 — DM 6,-
(in: Abhandlungen des Geologischen Dienstes Berlin)
(Bestell- und Verlagsnummer 2008/214)

Walther Gothan

Die Unterkarbon-Flora der Dobrilugker Tiefbohrungen

Ende der zwanziger Jahre ist südlich von Berlin, wesentlich durch Aufmerksamkeit des Verfassers selbst, das Steinkohlen- (Anthrazit-) Vorkommen von Dobrilugk entdeckt worden; eine Reihe von Tiefbohrungen sind niedergebracht worden, die außer den Kohlenflözen zahlreiche Pflanzenabdrücke zutage gebracht haben. Sie sind vom Verfasser wissenschaftlich untersucht worden und von ungewöhnlichem Interesse, besonders da in Schichten dieses Alters (Unterkarbon) sonst kaum Kohlen auftreten.

44 Seiten — 6 Tafeln -- 1950 — DM 8,50
(in: Abhandlungen des Geologischen Dienstes Berlin)
(Bestell- und Verlagsnummer 2008/217)

FSC
www.fsc.org
MIX
Papier | Fördert gute Waldnutzung
FSC® C083411

Zeitfracht Medien GmbH
Ferdinand-Jühlke-Straße 7
99095 Erfurt, Deutschland
produktsicherheit@kolibri360.de